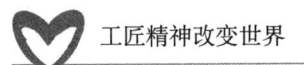 工匠精神改变世界

塑造工匠精神

王万方 陈步峰 ◇ 著

- ■ 工匠精神是专注用心 追求极致的专业精神
- ■ 工匠精神是荣辱不惊 严谨细致的恒久定力
- ■ 工匠精神是敬畏自然 师法自然的理性信仰

石油工业出版社

内容提要

本书介绍了塑造工匠精神的两条路径：一是源于外部塑造，二是成于内部自我修炼，两者合一。外部塑造，围绕核心价值观、制度、基本技能和文化四个层面，创造性地叙述了工匠精神系统的要素和结构，塑造工匠精神的模具，塑造工匠精神的流程。内部塑造现代工匠自我修炼的重点在于创新，本书系统化地叙述了创新思维、创新技法、系统思维、终极标准、理性思维、哲学思维等自我修炼方法。

图书在版编目（CIP）数据

塑造工匠精神 / 王万方，陈步峰著. —北京：石油工业出版社，2018.5

ISBN 978-7-5183-2068-4

Ⅰ.①塑… Ⅱ.①王… ②陈… Ⅲ.①职业道德 Ⅳ.① B822.9

中国版本图书馆 CIP 数据核字（2017）第 191447 号

出版发行：石油工业出版社
（北京安定门外安华里 2 区 1 号　100011）
网　　址：www.petropub.com
编 辑 部：(010) 64251613
图书营销中心：(010) 64523633
经　　销：全国新华书店
印　　刷：北京中石油彩色印刷有限责任公司

2018 年 5 月第 1 版　2018 年 5 月第 1 次印刷
710×1000 毫米　开本：1/16　印张：20
字数：250 千字

定价：48.00 元
（如出现印装质量问题，我社图书营销中心负责调换）
版权所有，翻印必究

前　言

塑造工匠精神就是塑造具有工匠精神的人才，创造高质量的产品，为人民提供最优化的服务是塑造工匠精神的根本目的。

本书给出了工匠精神的定义和结构，给出了塑造工匠精神的流程和方法，我们给出的是一套智能化的解决问题的方法，即"万法归一"和"一化万法"。"一"是一套终极的客观的标准，"归一"就是符合终极的客观的标准，塑造工匠精神从标准开始，"万法归一"就是思考的总原则（价值观的理论）、行动的总规矩（制度）、操作的总方法（总流程）、结果的总形象（初始的目标）等都要符合终极的客观的标准，因此实现了理论归一、制度归一、流程归一、目标归一。"一化万法"就是由终极的客观的标准演化生成各种理论、各种制度、各种流程和各种具体的目标，改变了盲人摸象的猜想和摸着石头过河的方向探索，终止了"公说公的理""婆说婆的理"的无休止的论争，这就是本书的创新点，这就是奉献给读者的智慧之珠。

本书的章法合一，前后如同一体。所有问题都是依据是什么、为什么、怎么做的逻辑流程展开。

本书的理法合一，万理出于一揆。所有理论都是依据客观规

 塑造工匠精神

律推导出来的,理论依据可靠,而不是直言判断和个人偏见。

本书的方法归一,就是从"万法归一"到"一化万法",实现"万法归一",一切事情都可以通过我们给出的"三大基本流程"结合具体问题的条件、找到可供选择的解决方案。这套智能化的方法对所有人都有帮助。

我们希望企业中的各级领导阅读这本书,放下架子给您的大脑升级,做一名智慧的管理型的工匠,以实力提升自信和尊严。

我们希望各行各业的工匠能从躁动、焦虑、浮华的世俗中回归生活的本质,静下心来以工匠精神品味此书,在孤独中奋进,在宁静中升华。感悟"万法归一"和"一化万法"的大智慧,欣赏它的简捷美与和谐美,享受它给创新、创造带来的丰硕成果。

我们希望有志成为工匠的人用精心阅读此书,告别浮浅,学到"万法归一"的深刻与精通;脱离死板,学会"一化万法"的灵活与适用。

我们希望所有阅读此书的朋友,将您得到的智慧之珠分享给您的家人和朋友,让我们共同用智慧的能力创造精品,用精品成就人生。为实现伟大的中国梦贡献一份力量!

王万方

2018 年 3 月 19 日

目　录

上篇
工匠精神的外部塑造

第一章　塑造工匠精神概论

第一节　塑造工匠精神是什么／004

第二节　为什么要塑造工匠精神／022

第三节　怎么塑造工匠精神／027

第二章　塑造工匠的核心价值观

第一节　核心价值观的基本概念／036

第二节　如何塑造现代工匠的核心价值观／039

第三章　塑造工匠的制度

第一节　制度的基本概念／076

第二节　塑造工匠的制度的基本原理／081

第三节　如何设计塑造工匠的制度 /095
第四节　制度改善案例 /103

第四章　塑造工匠的基本技能

第一节　工匠的思维流程 /110
第二节　管理的导向流程 /113
第三节　基本操作流程——万通七步工作流程 /130
第四节　系统化解决问题的理论体系 /137
第五节　流程化解决问题的方案 /139

第五章　塑造工匠的文化

第一节　工匠文化是什么 /144
第二节　为什么塑造工匠文化 /151
第三节　如何塑造工匠文化 /154

下篇
现代工匠的自我修炼

第六章　现代工匠创新思维的自我修炼

第一节　创新的基本概念 /176

第二节　创新思维的立体化模式 /182

第三节　创新思维方法统综 /190

第七章　现代工匠创新技法的自我修炼

第一节　创新技法统综 /198

第二节　创新技法的应用 /200

第八章　现代工匠系统思维的自我修炼

第一节　系统的基本概念 /214

第二节　系统的反馈控制原理与工作流程创新 /221

第三节　系统的有序性原则与秩序创新 /224

第九章 现代工匠创新终极标准的自我修炼

第一节 创新的终极标准 /228
第二节 人格进化的终极标准体系 /255

第十章 现代工匠理性的自我修炼

第一节 理性的基本概念 /258
第二节 塑造工匠精神为什么需要理性 /262
第三节 理性分析的工具 /264
第四节 理性在实践中应用 /267

第十一章 现代工匠哲学思维的自我修炼

第一节 哲学思维是什么 /282
第二节 现代工匠为什么需要哲学 /286
第三节 现代工匠如何修炼哲学方法 /290

上篇 工匠精神的外部塑造

第一章　塑造工匠精神概论

第二章　塑造工匠的核心价值观

第三章　塑造工匠的制度

第四章　塑造工匠的基本技能

第五章　塑造工匠的文化

第一章
塑造工匠精神概论

塑造工匠精神就是通过发动心理的力量塑造具有工匠精神的人才,塑造工匠精神是以人为本,人是目的,无论是产品创新的升华还是技术能力的升华,最终都是人才的标准、能力和思想的升华。创新是发展的第一动力,人才是发展的第一资源,制度是发展的第一保障,信念是发展的第一根基。发展和升华扩展到全社会,就是人的整体素质的全面提高,社会秩序的全面提高,创新能力全面提高,可持续发展能力的全面提高,人民的生活水平的全面提高。所以,人的全面发展、社会的全面进步是塑造工匠精神的根本目的。

工匠精神不能独立存在,工匠精神与工匠的操守规则、工匠的技术能力和工匠的业绩是一个系统的整体,不能空谈工匠精神。

 塑造工匠精神

第一节 塑造工匠精神是什么

我们追问是什么，要的是问题的定义和内涵的本质。不知道是什么，就不知道做什么；不知道做什么，就不知道做成什么。

一、工匠精神的定义与内涵

1. 工匠的定义

工匠是指在本岗位上有一技之特长、专注目标、勤奋工作、严谨细致、精益求精、锲而不舍、不断创新、成绩卓越的人。不断创新是现代工匠最显著的特色。

2. 精神的概念

精神在这里指的是心灵的操守和行为的准则。当精神仅限于个体生命之时，便更像是生理的一种机能，肉身的附属，甚至累赘（比如它有时让你食不甘味，睡不安寝）。当这种精神信念遵循了无形无限无所不在的客观规律，就是追随了绝对价值（比如对终极意义的寻找与建立），它就会因自身的局限而谦逊，因人性的丑陋而忏悔，视固有的困苦为锤炼，看琳琅满目的美物为道具，既知不断地超越自身才是目的，又知这样的超越乃是永远的过程。这时，精神就不再是肉身的附属了，而成为神圣行为的引

领和主宰，那就是精神已经升华为灵魂。

精神思想为肉身的欲望而存在，而灵魂是为神圣而存在。精神是思想的集合，灵魂是思想达到了神圣的境界。

3. 工匠精神的定义

工匠精神是为了创造精品而诚信守规、勤奋工作、专注目标、严谨细致、精益求精、追求完美、不断创新、锲而不舍的一套合乎客观规律的心灵操守和行为准则。

4. 工匠精神的内涵

（1）工匠精神是完美人格的概括。因为：①诚信守规是有道德，道德是第一位的，高超的技术如果掌握在坏人手上，就是犯罪的本领，金钱掌握在恶人手上就是犯罪的资本；②勤奋工作是充分利用时间，踏实工作，不怕吃苦；③专注目标是用心而专一。④严谨细致是严格规范；⑤精益求精、追求完美是对产品追求精美、对知识追求甚解！因精心而精细，因精细而精通，因精通而有精品；⑥不断创新，创新是智能化时代工匠最显著的特点，智能化时代是逐渐解放一切劳动力的时代，智能化时代是无人化生产、无人化服务的时代，人们从需求他人的服务正在逐渐地转向需求高智能机器人的服务，人类最高的欲求，就是时时创造新生活。所以，创新就是创造未来，创造未来才能拥有未来；创新是发展之基，不断创新才能持续发展，创新是制胜之道，引领创新才能赢在创新；⑦锲而不舍，是有恒心，坚持不懈，不断追求最优化。⑧从平民到总统，人人可以成为本岗位的工匠！

（2）工匠精神不是一个独立的概念。工匠精神是工匠这个概念系统整体的一部分，在工匠的概念系统中，包括工匠的精神

理念、做事规矩、技术能力和产品的质量。欲创造精品先培育工匠的能力，欲培育能力先立做事规矩；欲立做事规矩先树立思考原则，即工匠概念系统的核心。这是一个过程，这个过程可以简化为十二个字：树核心、立规矩、育能力、造精品。这是一个完整的系统，部分包含整体的全部信息，可以单独说，不能单独做，必须整体联动。这是一个完整的流程，不能改变其秩序。

（3）证明具有工匠精神的精品是一个相对的概念。因为世界是一个不断追求最优化的世界、是一个不断发展的世界、是一个不断创新的世界，时代在变迁，变革在继续，进化在升华，产品需求的升华导致产业变革，旧的产品不断被淘汰；产业变革导致技术能力需求的变革，落后的技术和工艺不断被淘汰；技术能力的变革导致制度和产品标准的变革，推动技术进步的新制度和新工艺在不断地创生；制度和产品标准的变革推动精神思想的变革，精神思想在不断地升华。这是一个不断地淘汰落后的产品、淘汰落后的技术、淘汰落后的标准、淘汰落后的思想观念的过程，这是一个不断地从机械化向智能化进化的过程，这是一个逐渐解放一切劳动力的过程，曾经的精品、曾经的绝技、曾经的高标准等都将不断地成为过去，它们将留在存贮记忆的硬盘里、留在历史博物馆里、留在传统文化传承人的表演中、留在人们回忆过去的体验中；这是一个树立新思想、建立新标准、培育新能力、养成好习惯、创造新精品的过程；这就是塑造工匠精神的过程。

（4）现代化的工匠需要有现代化的能力，需要智慧现代化、思想现代化、规矩现代化、能力现代化、手艺现代化、产品现代化、质量现代化、速度现代化，现代工匠用行动说话、用创新发展、用实干兴邦、用精品证明。创新和实干是现代工匠最显著的特点,只有干出来的精彩,没有等出来的辉煌。

(5)工匠精神是可以普遍化的概念,因为工匠精神追求的是精神的伟大、灵魂的神圣、技艺的高超、产品的精美,以创造精品为灵魂神圣的证明。所以,工匠精神是可以普遍化的,即可以移植到不同的领域并有不同的名称,在创新领域称为"创新精神",在科学领域称为"科学精神",在企业家群体中称为"企业家精神",在劳模群体中称为"劳模精神",在教师群体中称为"园丁精神",在强调锲而不舍时称为"钉钉子精神";在社会主义核心价值观中就是"敬业精神",在精细化管理中称为"精益求精"等。我们要掌握这种万变不离其宗的迁移变化,学会在不同的领域中给它一个完整的、正确的解释,这是工匠系统化思考的大智慧。

5. 工匠精神的根源

工匠的追求精益求精、不断追求最优化的精神源于客观规律(天道)。因为自然界中的万物遵循最小能量消耗原理(也叫最小作用量原理):万物追求以消耗能量资源最小化、输出功能最大化的方式存在。即万物追求最优化,世界是一个追求最优化的世界,世界是一个择优汰劣的竞赛场,不断追求最优化是长久存在的条件。所以客观规律是工匠精神根源。因此,任何系统的终极目标都是不断追求输出功能最优化!从系统追求输出功能最优化的目标出发,系统必须不断地追求:

(1)规矩统一。宇宙遵循统一的秩序,总规则是统一的。

(2)结构统一。万物最基本结构都是二元合一的,结构的模式类似太极图。如阴阳、正负、有无、虚实、男女、凹凸等，事不孤立，理不孤存。统一性并不影响多样性，统一性与多样性合一。

（3）行为统一。万物追求以消耗能量最小化、输出功能最优（大）化的方式存在。即不断追求最优化，所以需要不断地创新，创新没有终点。

（4）状态统一。万物的自然状态是动态和谐平衡，和谐平衡是万物存在的条件。一切道德行为都是交易双方博弈的终极结果，即利益均衡。所以可将法律、制度、道德的终极原则概括为"将欲取之，必先与之。付出与索取平衡，损害与补偿平衡"。一切法律、制度、道德的规范都是这句话的注解。

（5）自动自强是存在的必要条件。因为，客观规律不创造万物，万物必须自己创造自己。系统必须自我组织、自我适应、自我协调、自我控制。人类组织系统向全自动化方向进化，系统从"他管"向"自管"方向进化，机械系统向智能化、人性化的方向进化。

（6）创造价值是存在的必要条件。系统必须有输出功能。

（7）节约是存在的必要条件，浪费是消亡的开始。节约是最大环保。

（8）系统构成良性循环系统，良性循环系统是和谐、生态、绿色、节约、环保的系统，是资源循环利用的系统，资源循环利用是可持续存在的必要条件。

（9）择优汰劣的竞赛机制是发展的必要条件。因为，择优汰劣是万物进化的法则，万物永远向最优化的方向进化。

★优化系统的功能依据系统的功能公式，系统的功能＝（要

第一章 塑造工匠精神概论

素的功能+结构功能）*客观规律和环境功能的作用（公式中的"*"号表示一种相互作用），这个公式非常重要，它指明了提升系统的功能有六种方法，口诀是：育能力、换要素、调顺序、改关系、用环境、遵规律。

★环境是系统之外的大系统，是系统赖以生存的条件，环境对系统进行选择和控制，要求系统必须有输出功能。满足环境的功能需求是系统存在的条件，系统必须主动适应环境、利用环境、保护环境。所有系统都是向着符合客观规律的、最理想化的、完全自动化的状态进化（机器向全自动、智能化的方向进化）。人最终进化成高度理性的、全自动的、有道德的、与万物和谐共处的人。

★不断追求功能最优化的目标是驱动系统进化的源动力，明确目标是构建系统的第一要素。一切从目标开始，目标＝目的＋标准，标准在不同的领域有不同的名称。如：客观规律、道德规范、操作规程、流程、规则、规定、制度、目标、法则、榜样、标杆、概念的定义等。必须明确这些词在不同语境的变化，无论怎么变化都在标准的定义域内。

★万物必须遵守客观规律，客观规律也叫客观标准，客观标准是最高的标准，所以客观标准也叫终极标准，就是的判断一切事物好与坏和对与错的终极标准。

二、工匠精神系统的要素和结构

依据系统论，工匠精神系统包括四个要素（子系统），一是构成世界万物的客观标准；二是现实工作中价值目标选择的标准；三是行为操守的标准；四是操作方法的标准。

四个要素分成上下两层，客观标准的集合构成了理想世界，是理想层面；价值选择的标准、行为操守的标准和操作方法的标准构成了现实世界，是现实层面。

理想层面对现实层面起规范和导向作用，现实层面是对理想层面的追求和模仿。现实层面与理想层面是二元合一的结构，如图1-1所示。

塑造工匠精神是改善工匠精神系统的功能，首先我们要信仰客观规律，以客观规律为终极标准来审查我们大脑中现存的应用标准是否符合终极标准，不符合的成分要删除（淘汰），符合的软件成分要装入，这个过程相当于给大脑升级。

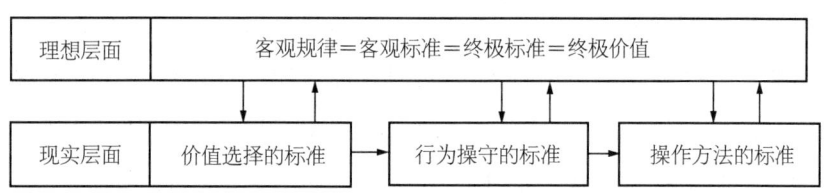

图1-1　工匠精神系统的要素和结构

人脑升级与电脑升级的过程相似，是逐级的。

思想代表存在的本质，人心坏了人就坏了，所以，塑造工匠精神是对照终极标准不断给大脑中的运行标准升级的过程，以终极标准为导航，在现实中通过改善和创新，不断向终极标准趋进，如图1-2所示。

终极标准（客观规律的集合）永刻于心中叫信仰。信仰是信念最集中、最高的表现形式。信仰作为人类最普遍、最深刻的精神活动和精神现象，也是人类最高的意识活动和意识形式，是统领、指导其他意识活动、意识形式的精神领袖。

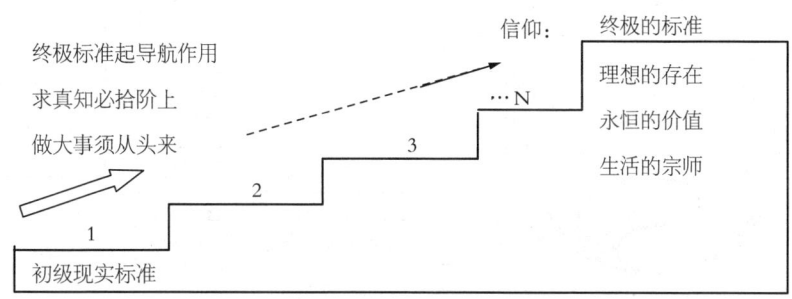

图 1-2　大脑升级的阶梯，工匠进化的路径

信仰客观规律（天道）即天人合一，是追求思想与客观规律相合、操守与客观规律相合、行为与客观规律相合，能力上追求强大、结果上追求完美，以终为始就是以终极标准审查初始目标和行为的合法性与合理性。

工匠精神是一种信仰，只有工匠精神的标准规范成为工匠坚定持有的行为规范，才有永恒的精益求精的动力。

三、塑造工匠精神的模具

模具是用来制作成型物品的工具，是一套约束的框架，塑造工匠精神的模具是一套约束的规范。

1. 塑造工匠精神的模具的层次结构

塑造工匠精神的模具（约束规范）有四个层次。一是客观（环境）规律的约束；二是道德文化规范的约束；三是组织制度的约束；四是国家法律的约束，如图 1-3 所示。

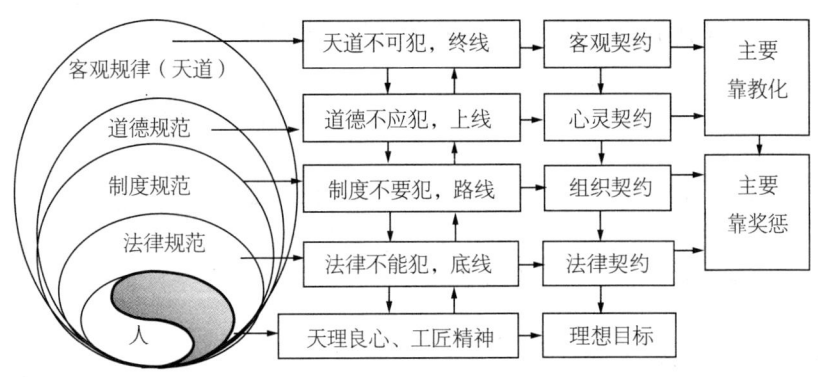

图 1-3　塑造工匠精神的模具

（1）客观规律的约束

客观规律是指自有永有、无所不能、无所不在、无形无象、其大无外、其小无内，既在万物之中，又在万物之外，管控万物的、万物应该效法的一套终极标准集合。

人在自然界中生存，必须受客观规律的约束。客观规律是万物必须遵守的法则，是一切规矩的终极标准。古罗马著名的法学家西塞罗认为："真正的法律乃是一种与自然相符合的正当理性，它具有普遍的适用性，并且是不变而永恒的。"如果不是源于自然，都将被废除。

（2）社会道德的约束

道德是以法律制度为底线、以客观规律为标准、源于他律、成于自律、为获取利益应该遵守的一套行为规范。

道是指客观规律或规矩，德是指符合客观规律的方法（术）。是否遵守规矩要考查行为方法，方法符合客观规律叫有道，以道御术，以德载道，术必合道。

道德源于他律。赵汀阳在其《坏世界的研究》中说："人之所以不能为所欲为，绝非良心发现，而是因为他人不同意自己为所欲为，他人是任何一个人的外部限制和外部威胁。"因为每个人都不允许被伤害，每个人都不允许别人伤害他人、破坏制度、践踏法律，所以道德建设首先要培养合格的公民。

道德成于自律。自律是自觉遵守客观规律、道德规范、组织制度、国家法律；自律是生存的第一法则；自律是自由的前提。一切自由都是在约束条件下的自由，人受客观规律的约束是永恒的，原则上人没有自由意志，如果有，那就是人的思想与客观规律相合。制度是自由的边界，不逾矩才有真自由，没有限制的自由是"陷阱"，在制度范围内的自由才是真正的自由。罗曼·罗兰说过："自由，自由，多少罪名假汝名以行。"没有绝对的自由，自由永远在追求自由、修炼自律的过程之中，与其说自由是普世的追求，不如说自律是永恒的修炼。

（3）组织（企业）制度的约束

组织是指国家之内的一切社会团体，人在组织内生存，必须接受制度约束。组织是精神、规矩、责任和利益的共同体，一切组织制度必须符合国家法律。

（4）国家法律的约束

人在国家内生存，必须接受法律的约束，法律必须共同遵守，违法必究，法律之下，人人平等。

塑造工匠精神需要法律、制度、道德三层联动。客观规律约束和道德规范约束是软约束，规范的是应该如何做，通过教化让人自觉自动遵守。教化的结果只具有可能性而不具有必然性制度约束和法律约束是硬约束，规范的是必须如何做，是普遍化的规

范，系统内的人人必须按法律和制度的规范去做事。

法律和制度规范见效快，往往能取得立竿见影的效果；道德规范见效慢，但道德教化直指人心，从根本上解决问题。所以，法律和制度规范是治标，道德教化是治本。

从图1-3中可以看出，塑造工匠精神的手段有两种，一是法律和制度规范；二是文治教化。还可以看出，规范是从上到下、从外到内的，使外界的规范内化为心灵的操守。修炼的过程是从内到外（内修于心，外应于手，心上刻规矩，手上练能力）、从低到高的。

2. 工匠精神的形成有四种类型

自我修炼成型。自组织、自成型。有些哲学家、科学家、自我觉悟者，自己主动修炼成工匠精神。山中有"自圆之木，自直之箭"，人间有自成之才，自巧之匠，但是非常少，现实需要的是非常多，因此需要塑造。

道德教化成型。觉悟性较高的人，经过道德教化，自觉持有工匠精神。

制度规范成型。在制度的强迫下遵守规则，制造精品。

法律规范成型。在法律的强迫下遵守规则，制造精品。

塑造工匠精神的重点在后三种类型。

工匠精神并不是舶来品，《庄子》中就有"庖丁解牛"的故事。《论语·学而》："《诗》云：'如切如磋，如琢如磨。'"但这样谈工匠精神是远远不够的，只强调了通过持续劳作，达到技艺上的登峰造极。如何使更多的人产生如痴如醉般地热情，如何使工匠精神成为人们普遍的、永恒的追求！即如何使工匠精神

成为信仰,这是我们要追问并回答的问题。

四、如何使工匠精神成为信仰

1. 外部环境压力使工匠精神成为信仰

外界最有效的压力是法律制度,即不允许假冒伪劣和粗制滥造的制度。没有严格的择优汰劣的监管制度,没有被淘汰出局的恐惧,就没有精益求精的工匠精神。如果市场秩序混乱,假货的制造与销售得不到应有的处罚,那么就没有人会愿意去精益求精,结果就是毁了整个行业。外界的另一个压力是缺少资源,依据资源稀缺原理,节约资源是存在的必要条件,所以,资源稀缺也能迫使人追求工匠精神。

当外部规范的恒久压力内化为人的心灵规则,心灵规则外显为行动结果时,工匠精神就逐渐形成了。

德国工匠精神形成的外部压力。德国的工业产品也曾经以假冒伪劣闻名世界,1887年8月23日,英国议会通过了在当时带有侮辱性的商标法条款,规定所有从德国进口的产品都须注明"德国制造"(Made in Germany),以此将劣质的德国货与优质的英国产品区分开来。因此1887年8月23日成了"德国制造"的诞生日。这种压力使德国人觉醒,知耻而后勇,明确提出"理论与实践相结合"的方针,并开始大力促进应用科学的发展。经过不懈努力,"德国制造"成为了质量和信誉的代名词,经久耐用的产品享誉世界。德国人的另一个压力是缺少资源,几乎所有重要的工业原材料都依靠国外进口,所以必须物尽其用,

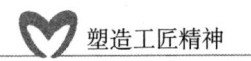

尽量延长使用期。

2. 文化使工匠精神成为信仰

文化的措施主要分为文治、教化和环境熏染。

文治的方式有两种。一是舆论谴责，在心理上淘汰粗制滥造的人和产品。人人谴责制造假冒伪劣产品的人，形成一种厌恶的心理，做到自己不造假，不帮助别人造假，不允许别人造假；二是在行为上淘汰制造假冒伪劣产品的人和产品，人人拒绝使用假冒伪劣产品，使粗制滥造的人没有生存的空间、粗制滥造的产品没有市场。

教化的重点有两个。一是培育合格的工匠，重塑人格，培育工匠的良心，主动生产精品，绝不粗制滥造；培育工匠的能力，能够创造精品；不断提高工匠的能力，善于创造精品。二是培育合格的公民，合格的公民有正义感、有责任感、敢于担当。坚决反对、谴责、拒绝粗制滥造，不能麻木不仁、漠不关心。

工匠文化熏染工匠精神。创设一个崇尚工匠精神的文化氛围，弘扬工匠精神。

文治教化的方式有两种，一种是以宗教的形式利用"神"来教化，借用"神"的嘴和威力教化道德、劝人向善。另一种用人来教化，利用各种媒体办各种形式的学校，劝人向善，如孔子、墨子、荀子等。

3. 自身修炼使工匠精神成为信仰

无论是法制规范和文治教化工匠精神，最终都要通过自身修炼落实工匠信仰。因为管理是通过自我管理来完成的，教育是通过自我教育来实现的。马克思说："神也给人指定了共同的目标——使人类和他自己趋于高尚，但是，神要人自己去寻找可以达到这个目标的手段；神让人在社会上选择一个最适合于他、最能使他和社会都得到提高的地位。"我们不要当陀螺，被鞭子抽才转。我们要自我主动修炼，向理性化、自动化的方向进化。

塑造工匠精神组织培养是重要的，个人努力是必要的、是主要的！朽木不可雕，无志不可教。无志者不可与之言事，无求者不可与之言功。不是企业淘汰人，而是自己淘汰自己！所以，必须通过自身修炼使工匠精神成为信仰。德国哲学家费希特说："人的教养不能够靠别人传授，人必须进行自我修养。一切苦修也绝不是文化修养，教育是通过人的主动性来实现的，教育牢牢地钉在主动性上。"

五、塑造工匠精神的本质是塑造工匠文化

塑造工匠精神与塑造工匠文化的过程相同。工匠精神不是一个独立存在的概念，不能空谈。欲创造精品，先塑造工匠；欲塑造工匠，先修炼技能；欲修炼技能，先立做事规矩；欲立做事规矩，先树思考原则。塑造工匠精神，就是树立工匠思考的原则，思考的原则用做事的规矩来体现，做事的规矩用行为的方式来体现（技术能力），行为的方式用结果证明——创造精品。这个过程可以简化为十二个字：树核心、立规矩、育能力、造精品。这是一个"生于思想，长于制度，成于习惯，显于结果"的完整的文化过程，所以，塑造工匠精神与塑造工匠文化的过程相同。

塑造工匠精神与塑造工匠文化的结果相同。因为文化是塑造

工匠精神的一种方式,两者的结果都是要形成工匠文化信仰、形成文化自觉、实现行为自动化。塑造工匠精神的本质与塑造工匠文化相同。

塑造工匠精神与塑造工匠文化是一个项目的两种不同的提法,塑造工匠精神重视利用心灵的力量来培养工匠人才,塑造工匠文化重视形成文化自觉的结果。在"树核心、立规矩、育能力、创绩效"的人才培养流程中,树核心就是塑造工匠精神,立规矩就是塑造工匠制度,全过程即是塑造工匠文化,这个流程是一个不可分割、一起联动的整体系统,可以分开说,不可以分开做。

六、中国古代塑造工匠的措施

1. 塑造工匠的流程

老子指出了工匠的修炼路径。《道德经·十九章》:"绝圣弃智,民利百倍;绝仁弃义,民复孝慈;绝巧弃利,盗贼无有。此三者以为文不足,故令有所属;见素抱朴,少私寡欲;绝学无忧。"

在这里"绝"是极点、至高、至上、独到的意思,达到至高、至上的只有合于道;"弃"是扬弃,去其糟粕,取其精华;"圣人"是接近于道的理想人格典范。老子的意思是:"圣人达到极至,思想完全与道相合,就扬弃了个人思想中与道不相合的智慧,只要最高的智慧,以道为魂,灵魂神圣,至圣是为而不取、有而散之的,人民自然会增加很多好处。仁爱做到了最高境界,在行为规范上以道为法,规则神圣,扬弃小圈子中不顾法律的义气,人人大爱天下,慈孝也是自然的。技术达到极巧的境界,在技艺上以合道为神圣,在操作过程中扬弃利益的干扰,一心一意做好产品,目标专一,心无旁骛,人人都能有自己的好产品,互相交换,还用得着偷盗吗?至圣是思想人格的进步方向,至仁是规则公正的进步方向,至巧是操作技术的进步方向。老子从思想、规范和技术三方面来规范(以为文)修行的过程,感觉有点不够,令其有所归属,归属于:在思想上呈现道的原样(见素)、规则上坚持依道行事不改(抱朴),行为上合道、减少私心和欲望,把学问做到极至,就是知行合一于道,合道之行为最佳,自然无忧。

老子塑造工匠精神的流程是:树目标——做最高的圣人;立规矩——以道为规矩;练技艺——追求极致。创绩效——创造财富,奉献社会,人人如此,使社会没有盗贼。

老子的标准是思想上合道、规矩上合道、行为上合道,结果合道,知行合一。

2. 工匠自我塑造的流程

老子讲塑造工匠的通用流程,庄子讲工匠自我塑造的流程。《庄子·达生》记载一个故事:"梓庆(木匠)削木为鐻(钟形乐器),鐻成,见者惊犹鬼神。鲁侯见而问焉,曰:'子何术以为焉?'对曰:'臣工人,何术之有?虽然,有一焉。臣将为鐻,未尝敢以耗气也,必齐(zhai通斋)以静心。齐三日,而不敢怀庆赏爵禄;齐五日,不敢怀非誉巧拙;齐七日,辄然忘吾有四肢形体也。当是时也,无公朝,其巧专而外滑消。然后入山

林,观天性,形躯至矣,然后成见鐻,然后加手焉;不然则已,则以天合天,器之所以疑神者,其是与!'"

意思是:鲁国木匠梓庆用木头雕刻的乐器叫鐻,见过的人都觉得精巧到只有鬼斧神工才能做得出。鲁王很惊叹,就召见梓庆问:"这么精妙的东西先生能做出来,有什么奥妙?"梓庆谦逊地说:"我只是一个木匠,哪有什么奥妙呢?只不过在做工前,我不敢耗费精神,静养聚气,让心沉静。斋戒三天,我不再怀有庆贺、赏赐、获取爵位和俸禄的思想。斋戒五天,我不再心存非议、夸誉、技巧或笨拙的杂念。斋戒七天,我已不为外物所动,似乎忘掉了自己的四肢和形体。然后我便进入山林,观察各种木料,选择好质地、外形最与鐻相合的,此时鐻的形象已经呈现于我的眼前。然后我将全部心血凝聚于此,专心致志,精雕细刻,用自己的纯真本性融合木料的自然天性制作,器物精妙似鬼神之工,也许因为这些吧。"

从梓庆看中国的匠人精神,有三点启示:

工匠精神是专注用心、追求极致的专业精神。能够对自己从事的专业的内在品位有深刻的理解,而且愿意去钻研它、体会它、追求它,把它作为自己的梦想,愿意不计功利地投入。把每个环节做细和做到位,这就是专业精神。

工匠精神是荣辱不惊、严谨细致的恒久定力。制造产品时,排除杂念,忘名忘利,只专心于产品的质量,达到了荣辱不惊的境界。

工匠精神是敬畏自然,师法自然的理性信仰。术到极致合于道,艺到极致夺天工。梓庆将天道和生命之魂灌注于产品制作,这种天人合一的极致境界就是技合于道,艺近于神。

3. 古代塑造工匠的制度

秦国制定了工匠的考核奖惩制度。在秦始皇统一中国之前，秦国就实行了"物勒工名"制度，要求器物的制造者把自己的名字刻在自己制作的产品上，以方便管理者检验产品质量、考核工匠的技艺。据《吕氏春秋·孟冬纪》记载，"是月也，工师效功，陈祭器，按度程，无或作为淫巧，以荡上心，必功致为上。物勒工名，以考其诚；工有不当，必行其罪，以穷其情。"意思是，这个月，工师要对百工制作的器物，考核工效，摆出他们制作的祭器，看是否依照法度程式。不得制作过于奇巧的器物来摇动在上位者的奢侈之心，一定要以精密为佳。器物要刻上工匠的名字，以此来考察他们是否信诚。如果有不合格、不精细的，一定要给予处罚，来追究他们的诈巧之情。

《秦律》中也有许多具体的惩罚规定。秦代制器，不仅要刻上工匠之名，还要刻上督造者和主造者之名，以便逐级追查产品质量的责任人。如果不刻写名字，就要被罚款。

秦朝还建立了从中央到地方的系统的技术与产品质量监管机构，及分工负责制度。以少府为例，工师为手工业作坊的负责人，集技术培训与监管于一身，传授技艺，监督工匠操作、产品质量检验等。检查产品质量，要求"必功致为上"。做得好的，也有具体的奖励办法。由于有这样的制度，我们就不难理解，为什么秦朝能够制造出精湛的铜车马、兵马俑等艺术品。

可见中国古代对于工匠的培养，有理论、有范例、有标准、有培训、有监督、有考核、有奖惩，形成了一套完整的体系。可惜的是没得到很好的发展和传承。

 塑造工匠精神

第二节 为什么要塑造工匠精神

一、为了实现中国梦需要工匠精神

国强在于民强。实现中国梦需要塑造大量的具有工匠精神的专业化人才。提倡工匠精神的本质是为了培养大量的专业化人才。

我们要全面摘掉落后的帽子、全面摆脱被外国垄断控制的局面！我们需要全面掌握高端产品的核心技术！我们需要高质量、高效率、低成本、低消耗的创新！我们需要绿色创新发展，（世界是一个创新的竞赛场，产品更新换代太快），我们需要创新再创新、提高再提高、落实再落实，使中国制造成为中国创造和中国智造，使中国品质更上一层楼，使我国从制造大国变为精品大国、名牌大国、创新大国。所以，塑造工匠精神、推动万众创新是发展之基、动力之源、富民之道、强国之策。

实现富强的中国梦需要创造精品。告别粗制滥造、假冒伪劣的时代，追求经久耐用的产品，告别马路经常修、零件经常换、楼常歪、桥常塌、地下输水管网常漏等，如果产品质量差、寿命短，我们永远好不了、富不了、强不了！例如，现在家庭装修的用品寿命太短，水龙头一两年换一次，水管三五年换一次，门窗

五六年换一次，等等，总是折腾装修，没完没了，这样短命的产品让国人永远富不了，永远脱不了贫。为了实现小康社会需要工匠精神。

实现安全绿色环保中国梦需要创造精品。当今一些企业与个人心浮气躁，追求"短平快"带来的即时利益，而忽略产品的品质。每天不是制造产品，而是生产垃圾。质量差的产品是引发安全事故的重要原因之一，生产质量差的产品等于谋财害命。

二、为了创造精品、提升竞争力

任何企业的第一条生产线是塑造人才！要造产品先造人，要造人先造心，一切从心开始！培育精益求精的心，塑造精益求精的人，创造精益求精的产品，唯有精品才能开拓市场，唯有精品才能改善生活，唯有精品才能创造效益！没有精湛的技能，一切都是空话。只有让"工匠精神"深深植根于每个人心中，个人、企业和国家才会更具有竞争力。

三、人人需要工匠精神

人靠专业技能立身，有一技之长才有所用。人人都是自己产品的经理，人人需要创造自己的精品。如果把工匠精神仅仅限于一线的员工，那就太狭隘了。世界向着标准化、自动化、最优化的方向进化，机械向自动化、智能化的方向进化，一切需要人做

的工作,无论多么复杂,都将被机器人所取代。当我们的大国工匠还在竞赛砌砖时,现代先进的技术已经用3D打印别墅了,一切需要手工做的事,都可以用机器人来做,把人从繁重的、复杂的劳动中解放出来。无论多么高超的手工艺人的工作,只要进入标准化和流程化,都可以用机器人来执行。因此,把培养工匠精神只限于各类操作工人,就显得太落后了。要改变世界先改变自己,做最好的自己,让自己成为本岗位、本专业的工匠。

四、行行需要工匠精神

精神文明需要思想的巨匠,物质文明需要制造的巨匠,科技文明需要研究的巨匠,工具文明需要设计的巨匠。企业需要以精品提升高收益,以不断创新引领产业潮流,占领高端市场;农民需要专心种好田,利用现代科技,为人们提供更加安全放心的农产品;教师需要全身心投入教学,培育精英;科学研究需要工匠精神,专心致志地研究,不要用科研的方法研究捞钱;政府靠精准管理提高声誉,尽可能方便群众办事,满足群众所需。所以,各个行业、各个领域都需要工匠精神,为社会提供更加精细的产品和服务。

五、实施供给侧改革需要工匠精神

在短缺经济、卖方市场格局下,萝卜快了不洗泥,货物供不应求，削弱了消费者本位的格局，产生了漠视消费者的各种顽疾，淡化了择优汰劣的市场竞争意识，泯灭了精益求精的工匠精神。

在产品相对过剩、买方市场的格局下，商品有很大的可选择性，消费不再仅仅追求量的增长，更注重质的提升。消费者择优汰劣，市场的准入机制和监管机制严格，产品的质量、品牌的声誉和美誉度的变质和消失将导致企业消亡，粗制滥造、只求数量、不顾质量、不负责任的状态必将一去不复返，国家实施供给侧改革，精耕细作、精益求精、质量至上的工匠精神开始回归，尊重顾客、服务顾客、为顾客负责的职业道德开始重塑，择优汰劣、适者生存的忧患意识开始建立，不断创新、为顾客创造满意产品、提供满意服务的发展观念开始形成。2016年3月5日，李克强总理代表国务院向十二届全国人大四次会议做政府工作报告时说，要鼓励企业开展个性化定制、柔性化生产，培育精益求精的工匠精神，增品种、提品质、创品牌。

时代呼唤工匠精神，由低端市场向中高端市场转型升级需要工匠精神、塑造高尚的职业道德成为必然！2016年4月，习近平总书记视察安徽时说，要弘扬工匠精神，精心打磨每一个零部件，生产优质的产品。

六、由中国制造向中国智造转型升级必须弘扬工匠精神

现代是知识革命、智能革命的时代，中国智造有两层含义，一是中国制造的产品方法巧妙、结构精美、功能强大、质量高

超、寿命长久，就是资源消耗最小，输出功能最大，产品的经济效益满意。二是中国制造的产品本身有智慧，一切工具和机械在向智能化的方向进化，减少人的操作和控制，在理论上是用机械取代人的一切功能，解放一切劳动力，只要人能做的事，都用机械来做，使机械成为高智能的机器人，让机器人从取代人到超过人的功能，实现生产无人化，一切艰难、危险、复杂的工作都用机器人来做。如何创造出更精美的产品，如何创造出无所不能的、智慧高超的机器人，则需要有一大批具有工匠精神、能创造中国"芯"的现代工匠。

《未来世界简史》中说："工业革命创造了无产阶级，智能革命创造了无用阶级。"转型升级，首先是精神理念的升级，接续的是制度的升级和技术能力的升级，而塑造工匠精神则在转型升级的首位。精神思想不升级，技能的升级将要落空。

工匠精神的核心理念、工匠制度规矩、工匠人才、工匠文化，我们不是没有！我们什么都有！我们既要有自信，又要与时俱进。因为工匠人才需求在增大，工匠人才的标准在提高，理念和制度需要进一步完善和落实，顶级工匠人才占人口比例不够多，与实现中国梦、建设小康社会对工匠人才的需求量还有差距，工匠型人才的整体水平还不够高，与现代化人才的标准相比还有很大的提升空间。工匠文化的氛围不够浓，工匠文化的结构不完整，需要加强和完善。

第一章　塑造工匠精神概论

第三节　怎么塑造工匠精神

在管理的理论中，我们所做的一切事情都是管理，我们所学的一切知识都是管理的基础。塑造工匠精神就是我们要做的一件事，做事的能力叫技能，一切技能都是对流程的熟练掌握！在第四章中给出的塑造工匠精神的流程是：树核心、立规矩、育能力、创绩效。对于企事业单位的组织系统，核心＝领导核心＋核心理念。所以，塑造企事业单位工匠精神从塑造具有工匠精神的领导核心开始！

一、塑造工匠精神从领导开始——树核心

1. 领导是塑造工匠精神的发动者

贯彻工匠精神是从上到下层层展开的！塑造工匠精神的理念需要领导灌输，制度需要领导改善，行为需要领导校正，结果需要领导考核，核心领导层面不抓塑造工匠精神，塑造工匠精神几乎等于空话，效果非常有限！

2. 领导是塑造工匠精神的教练

领导的第一责任是教练员工，领导既是员工的精神领袖，又是员工的行为教练。领导教练工匠精神过程是，领导示范、教练行为，标杆带动行为。员工跟成自觉行为，自觉成为习惯。

3. 领导是落实工匠精神的榜样

落实工匠精神是从上到下层层落实的！领导是系统的核心，核心代表系统的存在，核心代表系统的性质。领导是系统的精神领袖和行为榜样（标杆）。什么样的领导带出什么样的队伍，领导是容器，员工是水，容器圆了，员工就圆了；领导是树，员工是影子，树直了，影子就直了。江山需要伟人扶，国家之兴必有伟人出，企业之兴必有能人出，家庭之兴必有贤人出。所以，呼唤工匠精神，首先呼唤具有工匠精神的领导，塑造工匠精神首先塑造具有工匠精神的领导！

4. 领导自身需要有工匠精神

党中央要求领导干部要有工匠精神，2016年5月23日，习近平主席在黑龙江考察调研时说，要倡导精细化的工作态度，掌握情况要细，分析问题要细，制定方案要细，配套措施要细，工作落实要细。领导干部对待工作也要有工匠精神，善于在精细中出彩。所以，领导干部自身必须有工匠精神！

领导推崇工匠精神，工作才会少一些浮躁，多一些理性和稳重；少一些投机取巧，多一些勤政为民；少一些急功近利，多一些专注持久。领导具备工匠精神，才会爱岗敬业，一丝不苟、精益求精、臻于至善。领导率行工匠精神，员工才会践行工匠精神，自觉自动、尽心尽力，创造出精益求精的产品。杰克·韦尔奇说："无能的管理者是企业的杀手，而且是职业杀手。"无能的领导还占据着领导的岗位，就是对员工犯罪。所以，领导干部自身应该有工匠精神。

第一章　塑造工匠精神概论

5. 落实工匠精神从领导做起

落实工匠精神,从管理的角度说是从领导做起,因为领导要起带头作用。实干兴邦,空谈误国。领导不能只想当官不想干事,只挂帅不出征,只想出彩不想出力;不能只号召员工踏实肯干,领导慵懒散漫;号召员工勤俭节约,领导贪污浪费。喊破嗓子,不如做出样子!身教胜于言教。员工不仅要听领导是怎么说的,还要看领导是怎么做的。领导不但要发动,而且要实践,要身体力行;领导不但要言传,而且要身教,要用行动感化众人。领导不但要梦想,而且要实干,要认真落实。

落实工匠精神,从员工的角度说是从自我做起,因为员工只领导自己,只能做最好的自己,自己精益求精。精益求精需要付出辛苦的劳动,精益求精很多时候不是不能为,而是不想为!许多员工是否精益求精看领导,领导马马虎虎,他就粗制滥造。俗话说"上面松了线,下面乱一片"。领导干部要带好头。所以,落实工匠精神要从领导开始做起!

塑造工匠精神就是塑造具有工匠精神的人才,以精心创造精品。以人才强国,以精品富国,实现中国梦。各级领导责任重大,使命光荣。

二、改善塑造工匠的制度——立规矩

1. 完善刺激工匠成长的择优汰劣制度

择优汰劣的制度无所不在。只有将制造假冒伪劣产品的人淘

汰出局，人们才会自动努力创造精品。在某种程度上，善是因为不允许恶，而绝非良心发现！没有择优汰劣的制度就没有精益求精的工匠和精益求精的产品。

提高产品的质量标准。高标准、严要求，当提高了产品的标准，人们就必须按高标准去做。

2. 完善刺激工匠成长的激励制度

薪酬与能力效果成正比，物质激励与精神激励相结合。

相对提升技能型工匠的待遇，让人才向专业技能的方向流动。20世纪90年代，职业高中招的学生成绩是最低的，民间有一句话："实在没有招，就去读职高，实在没人要，就去读技校。"技能也需要理论指导，一切技能到了最高境界，拼的都是智力，基础素质低常导致技能提高得慢。

3. 完善监督制度

完善监督体系。让监督无所不在，政府监督、企业监督、舆论监督，让制造假冒伪劣产品的人无处藏身。不让监督体系失灵！要加强对监管人员的监管，如果监管不利，监管人员"放水"，睁一只眼闭一只眼的，一切法律制度都将成为废纸。

完善监管制度。严格监管，对制造假冒伪劣产品的违规者绝不放过；严厉惩罚，让犯罪成本高于收益，犯罪成本应包括监督成本和执法成本；严肃执行，粗制滥造必须淘汰出局，去掉根源。

三、改善培育工匠的文化——育能力

1. 改善价值观的排序

价值观是文化的核心。我们常说效益好是硬道理，追求利益没有错，但追求利益的秩序不能错！正确的排序是付出后求得，耕耘后收获，先履行责任，后满足需求。做好产品是第一位的，获得利益是第二的。质量是第一位的，数量不能僭越质量、效益不能僭越质量！如果把追求利益放在第一位，在强大的利益诱惑下，往往会使人放弃操守、践踏法律！塑造工匠精神从改善价值观开始。

工匠精神的第一目标是追求创造精品，而不是金钱，所以工匠精神符合系统交换秩序的终极标准——"将欲取之，必先予之，取予平衡"。利益之前的追求是为客户提供精品、创造理想的生活和更满意的服务，利润只是副产品。

2. 完善文化的结构

我们的文化只有规范的条文，没有精神奖惩的文化是不完备的。结构不完备导致功能大减、甚至失效，最后相当于喊口号。

所以，塑造工匠精神不能缺少文化，而文化的结构完整才有效。

3. 创造浓厚的工匠文化氛围

文化的有效性，熏染很重要。让工匠文化成为文化宣传的主流，无所不在地宣传，无处不在地弘扬，动用所有媒体进行宣传，不要让末技成为主流，让工匠文化落地生根。

在供给侧结构性改革的背景下，重塑与现代工业文明相适应的工匠精神，就是通过在全社会大力倡导工匠精神，大力提高产品质量和功能，有效改善产品和服务供给。从粗放走向精准，从低端走向高端，从重利润走向重品牌，追求品质第一、品牌至上，以质量求基业长青，不断形成符合现代制造文明的商业理念和价值追求。

4. 改善工匠技能培训体系

改善技能培训的质量。不要走过场。带着问题培训，问题导向，内容与工作相连；带着标准培训，标准导向，内容与创新相连。加强培训管理，注重实效，不走过场。

改善人才培养的结构，培养应用型人才从侧重理论向侧重实践技能转向，应用型人才往往不需要高深的理论，最需要的是把理论转化为现实的技能！

改善技能培训的手段，比如用虚拟现实进行技能培训。

提倡自我培训，鼓励自我提高。

四、塑造工匠精神的结构及方法体系

1. 塑造工匠精神的二元合一结构

塑造工匠精神的方法体系是内外合一、虚实合一的结构。内外合一是自我塑造与外部塑造合一，虚实合一是现实的自我与理想的自我合一。

外部塑造工匠精神最终要由自我塑造来落实，因为教育是通过自我教育来完成的,管理是通过自我管理来实现的!一切管理最终都要实现自我管理!

2. 塑造工匠精神的方法体系

结构是统一的、规范化的,这些方法还可继续向下细化,如惩罚粗制滥造还有两种手段,一是经济惩罚,二是淘汰出局。淘汰出局还有两种方式,一是市场禁入,二是收监入狱。方法都是按该结构模式演化的,无论怎么演化,终极的原则只有两句话:惩罚不需要的行为,奖励需要的行为。

本章小结:塑造工匠精神就是塑造具有工匠精神的人才,外部塑造靠工匠的制度和文化,内部塑造靠自己内心的认同和自我修炼。

(1)要学会定义工匠精神这类系统整体型的概念。

(2)要熟悉工匠精的根源,它是我们做一切事情的终极标准,它是万法归一的终点和一化万法的起点,我们时刻要用它来评价优劣并作出选择。

(3)要明确塑造工匠精神从自己开始,在工作中刻苦修炼自己。讲工匠精神的故事是浪漫的,人们都羡慕成功花朵的艳丽,可曾知道,艳丽的花朵是用血和汗浇灌的,艰难困苦,玉汝于成。工匠精神本天道,内化灵魂生奇效;制度规范立标准,文治教化尽其妙;培训技能通流程,自我修炼最重要;专注目标求完美,不断优化靠创造。

第二章
塑造工匠的核心价值观

　　核心价值观是人的灵魂，塑造工匠精神就是塑造工匠的灵魂、塑造工匠的"心"，塑造工匠的核心价值观就是将工匠精神的标准变成工匠的正确的核心观念并将每一条核心观念说清是什么、为什么、怎么做。正确的判断标准就是一要符合第一章介绍的客观规律，二要排序正确，保证是逻辑真理。

第一节 核心价值观的基本概念

一、价值观是什么

1. 什么是价值

价值是利益的量化,商品的价值在交换中体现,"价"由卖方提出,"值"是买方的认可。商品在交换中体现的是价值,在使用中体现的是功能,所以商品的价值在于有用。

2. 价值观是什么

价值观是以理想信念为终极标准,以有用、有利、值得为现实标准,对自己关注的事物进行轻重排序、优劣判断并做出选择的一系列标准体系。

价值观体系是人们思考的原则、行为的规范、选择的依据。

价值评价系统是发现问题、分析问题、解决问题的总依据。

个人的评价标准不一定是通用的标准,符合客观规律的标准才是通用的标准。每个人的价值观无论怎样千变万化,最终都要回归到客观规律这个终极标准。

二、核心价值观是什么

1. 心价值观定义

核心价值观是在人们的价值观念系统中最高的、终极的、处于中心位置的,起主导、支配一切行为作用的观点。

核心价值观表达的是人们的终极追求,代表的是终极目标,规范的是我终究要成为什么,我终究要做什么。核心价值观必须表达清晰而明确。比如社会主义核心价值观:富强、民主、文明、和谐;自由、平等、公正、法治;爱国、敬业、诚信、友善。二十四个字,简单明确,一切价值观点都必须服从核心价值观,塑造工匠精神就是社会主义核心价值观在工作中的体现。

2. 核心价值观的特点

由于核心价值观是最高的终极的价值追求,终极的价值追求必须与客观规律相合,客观规律是普遍化规律。核心价值观具有以下特点:

理念上具有深刻性,深刻揭露事物本质和规律,符合客观规律。

时间上具有永恒性:有生命力,超越时间的限制。

空间上具有广泛性:面对社会,面对人类,被普遍认同并接受。

政治上具有适应性:对各种政治团体都适用。

与客观规律相合的价值观一定是普适的价值观。

 塑造工匠精神

三、核心价值观的功能

1. 核心价值观有定向功能

核心价值观是对终极价值的追求。这种终极的价值追求成为人的精神系统中的一个定向、导航因素,也是人的灵魂。

2. 核心价值观有凝聚功能

核心价值观有助于在组织成员间达成一致的认识和共同的追求,形成巨大的凝聚力。

3. 核心价值观有调整功能

核心价值观是总标准,与核心价值观不相符的观念要及时调整。

4. 核心价值观有规范功能

核心价值观是一套心理和行为的规范。

5. 核心价值观有动力功能

对终极价值目标的渴求欲望是人的一切行为动力的来源。

通过塑造工匠的核心价值观,使员工爱上自己的工作,负起自己的责任,完成自己的使命,奉献自己的爱心,把应该做的事做到极致。

第二章 塑造工匠的核心价值观

第二节 如何塑造现代工匠的核心价值观

一、创造精品是工作的第一目标

1. 什么是精品

精品是结构最精美、功能最强大、用料最节约、操作最简单、使用最安全、使用寿命最长的产品。

精品的标准是一个动态的概念,精品在综合比较中产生,在择优选择中胜出。

2. 为什么创造精品是工作的第一目标

(1)天道择优汰劣,市场择优汰劣,创造精品是长久存在的条件,所以应该创造精品。

(2)天道的秩序不可违反,在文明社会的市场上,标准的交换秩序是"将欲取之,必先与之"。付出是索取的必要条件,付出在前,收获在后,耕耘是收获的前提条件,先耕耘后收获是天道规定的秩序!不可违反!能为他人付出什么必须是每个人的第一追求,而索取什么必须是第二位的追求。所以,每个人努力的第一目标就是为他人创造精品、提供满意的服务。

他人接受并满意我的服务之后,第二目标的利益追求就会随

塑造工匠精神

之而来。追求的第一目标是一切为人民服务，价值观排序正确就高尚了！如果把第一目的做到极致，就更高尚了；如果放弃追求利益的第二目的，就是奉献，就是超越！如果把第二目标放在第一位，在利益、荣誉、权力的诱惑下，人们就会不择手段、不顾理性、公正和法律，当欲望奴役了正义和理性，人就会疯狂，手段就会无所不用其极，恶就产生了，强抢、偷盗、诈骗就会随之而来。柏拉图认为，善是价值观排序正确，恶是对善的秩序的颠覆。秩序错了，一定导致错误的结果。宇宙的秩序牢不可破，必须遵守。系统的档次越低，秩序性越差。

（3）创造精品是人的第一需求。产品就是人品，做产品就是做自己。产品的质量反映做人的质量，人品决定产品，做产品就是做人，人格就是品牌，诚信就是商标，优质的产品来源于一流的人品。做人与做事合一，做人必须做事，做事体现做人。在工作中修炼一流的人品，以人品创造精品。人生可以没有官场的权力，但不可以没有创造的精品，有精品才能证明人的精彩。

（4）人人需要精品。劣质产品坑害人，如果人人都为他人制造劣质产品，大家互相坑害，最终导致一切人坑害一切人。所以，人人需要精品。

3. 怎么做

（1）在创造产品时忘掉名利，名利是副产品，不要让名利坏了创造精品的情绪。超越金钱，为目标尽智；超越眼前，为精品尽力。

（2）追求极致，要做就做最好。企业追求的第一目的是为顾客"创造一种理想的、进步的生活"无论企业创造什么，都可以称为产品,产品主要是为顾客创造的,顾客为什么接受你的产品,是因为你的产品能为顾客带来更加理想的、进步的生活。所以,企业追求的第一目的是为顾客"创造一种理想的、进步的生活",让别人更美好,才可能获得更美好的回报,让世界更美好,世界才能让你更美好。比如:迪士尼的梦想是"创造欢乐"。人们都乐了,他就更乐了(钱就足了)。BM公司的追求是"必须尊重个人,必须尽可能给予顾客最好的服务,必须追求优异的工作表现"。爱迪生的精神追求是"我要揭示大自然的奥妙,为人类造福""我要做的只是以我微薄的力量为真理和正义服务"。

结论:超越利益之上的精神追求就是为社会"创造一种理想的、进步的生活"。

必须明确,企业追求的第一目的不是利益,而是为社会提供一种让人们乐意接受的服务。商家也不是创造顾客,而是要创造一种理想的进步的生活。个人追求的第一目的是为他人创造满意的服务。让更多的人获得更美好生活的愿望本身就蕴含着无限的商机。为更多的人提供满意的服务,用客户体验与磨合获得客户的认可和喜欢,将决定最终谁是获胜者。

(3)不断创造新的精品。精品在时间上是一个相对的概念,新的精品在不断地淘汰旧的精品,要想保住精品的品牌,则需要不断地创造新的精品。

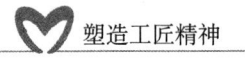

二、工作是最重要的修行方式

1. 工作是什么

（1）工作是认真规范干事、创造价值、支撑生命、实现理想的一种行为。

工——矩也，合矩为精，善事为工；作——起也，兴也，创造，做事。工作就是按规矩做，精致地做。

（2）工作是合理的修行方式。因为，工作的目的是创造价值、支撑生命、实现理想。环境对系统只要求输出功能，不能创造价值便没有存在的价值；环境择优汰劣，所以必须努力创造更大的价值。

（3）工作是一连串克服压力的过程、证明能力的过程、能力和责任（权力）配合的过程、能力和欲望相平衡的过程、学习和应用的过程、发现问题和解决问题的过程。

（4）工作具有功利性和超越性。工作是一个输入和输出的过程。在工作中收获工资是输入，付出劳动是输出。工作的本质通过为他人工作实现利己的过程。为自己求利益，具有功利性。超额的工作，不求回报的奉献，体现的是工作的超越性。工作的功利性和超越性是相辅相成的，没有功利性也就没有超越性（自己没饭吃的人，不可能施舍别人，自己还不能生存时，谈为别人，就是空话，就是假话）。功利性体现的是个人利益，超越性体现的是个人价值的提升和灵魂的升华。

（5）工作的本质就是通过"为他"实现"为己"。"为他"是实现"为己"的条件，他人是自己存在的条件！"为他"和"为己"是相辅相成的。单从付出的角度看，工作是为他人。

从收获的角度看，工作是为自己，不是为老板，也不是为经理。领工资为自己，出劳务为别人，工作客观为别人，本质为自己。从输入端看，工作、忠诚、敬业、服从、信用等都是为自己。我们将"为他人工作"转为"为你自己工作"，心态转变了一下，对企业才能有主人翁意识，才能有高度的责任心，才有了神圣的使命感，就能由"要我做"转为"我要做"，心甘情愿地为它付出。当你感觉不再只是为老板打工，而是为自己工作时，所有的劳累、辛苦，就真的都值得了。

在给人们讲工作理念时，如果不讲为己，只讲为人，会引出两个问题，第一只讲为别人，人们不愿意做；第二只讲为别人，到头来是为自己，人们会认为你是虚伪，甚至是骗子。为他与为己辩证地统一，把输出与输入看全了。

2. 为什么要工作

（1）工作中我们有六种收获。工作中我们收获了工资、经验、能力、人脉、心理的磨炼、发展。所以工作是带工资上大学。

（2）工作是生命最重要的状态。人一生有一半以上的时间是在工作中度过。工作带给我们的不只是薪酬，还有别人对我们的肯定。工作的最高境界能体现出自我人生的价值，以最佳的表现赢取成功，以工作成就获得快乐、尊严、社会的重视和他人的认可。一事无成、碌碌无为则会使生命丧失存在价值。

（3）工作是生存最直接的保障。因为工作，我们解决了衣食住行；因为工作，我们养老育幼，工作成为重要的生存条件、直面社会的窗口。

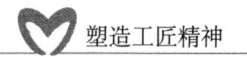
塑造工匠精神

(4) 工作是自我发展的平台。我们学到的各种知识技能、应变力、决断力、适应力和协调能力都将在工作这样的舞台上得到展示。工作中蕴藏着机遇、潜力和快乐。所以工作的质量决定一个人生活的质量。

(5) 工作是实现理想的依托。因为工作，才能驾驭时间、拓宽空间、才有机会创造未来、达到某种理想目的。

工作就是做自己，人生就是一个大舞台，每个人都在演自己，每一秒都在直播。用标准给自己铸型，用行为给自己画像，用结果给自己写史。自己的一切行为都是写在时空中的历史，写过的改不掉、不能重写。写在纸上的历史可以编造和篡改，可以用来欺骗别人，但欺骗不了自己的内心。

人生工作就是做自己。自己不可替代，只能自己做自己。模仿别人成不了别人。生活不可替代，别人可以替你干活，不能替你生活。成长不可替代，只能自己成长自己，别人能替你做事，不能替你成长。发展不可替代，只能自己发展自己，别人可帮助你，但不能替代你发展。享受不可替代。别人可以替你收获，不能替你享受。所以我们要做一个真善美圣的自己，活出个样来给自己看。

3. 如何在工作中修行

(1) 快乐工作，享受过程，甘愿接受任务，负起责任，超越昨天。纯为金钱工作，让人乏味；为老板工作，让人疲惫；为自己工作，心甘情愿、无怨无悔。

(2) 带着理想、带着目标、带着爱去上班，工作就不再是一件苦差事，而是变成一种乐趣。带着热情去工作，改变原本枯燥的生活模式。

(3) 把工作当成自己的事业一样来经营。要有效地挖掘自己沉睡的潜能，自动自发、充满激情地投入工作中，达到最大限度的成功。

(4) 把工作当成自己的事业一样来经营，需要我们把大事做好，把小事做细。要更专注、更迅速、更正确、更完美，要调动自己全部的智力、热情、恒心做好每一件事，从旧事中找出新方法来，使自己有发挥本领的机会。

(5) 把工作当成一种使命来完成。承担工作就应该担负起责任，责任感再提升就是使命，当一个人或某个集体被赋予神圣的终极使命时，人最无私的一面往往就展现出来了，生命的价值已超越物质和金钱的意义。

(6) 喜欢自己的工作，工作就是快乐的。干一行爱一行，热爱自己的工作才能产生追求极致、不断创新的动力。

把自己的能力看作商品来经营。能力是自己的商品，人格是自己的品牌，诚信是自己的商标。人生的本质就是营销自己，自己是天字第一号产品。功能不强，品质不高，何人能买；不曾拥有如何付出？豪气还需底气撑，是鲲才能化大鹏！只有不断提高自身的能力，才能提升自身的价值；不要怕自己被利用，只怕自己没有用。所以没有怀才不遇，只有怀才不够。不要问企业能为你做什么，而要问你能为企业做什么。

(7) 以工匠精神工作。工匠精神通过敬业、专业、精业和修炼来体现。①敬业：在工作中追求精益求精，追求完美和极致，对自己的产品精雕细琢，一丝不苟、注重细节，不惜花费时间精力，绝不投机取巧、粗制滥造。精细源于精心，精心源于真

爱，真爱才能精雕细琢，以精心创造精品；②专业：因专注而专业，目标专一，孜孜不倦钻研技术，使自己成为在某一方面造诣高深的人；③精业：精通自己的专业，精通见于流程，做事流程化。④修炼：工匠精神一定具有修炼精神，通过修炼才能使产品更精美、更好用、更优质。

工作的过程就是人格修炼的过程。职场即道场，工作即修行。修行无处不在，每一份工作都是一次人格修行的机会。合道自成高格，合德自有福报。在工作中追求崇高的人生境界，就会热爱工作，全身心地投入工作，在工作中释放出极大的智慧和动力，创造出精品。

要让工作成为一种修行，必须先树立修行的心态，改变自己，改变对工作的认识，改变对工作的态度，工作不是苦役，是心甘情愿的付出。如果你把工作当成一种乐趣，那么你的人生就是天堂；如果你把工作当成苦役，那么你的人生就是地狱！

三、不负责任要伏法，尽职尽责是必须的

不明白什么是责任，人们就不会负责任。允许失误，但不允许失职。

1. 责任是什么

（1）责任是因为享受了利益而必须承担的债务。

履行责任是还债！"责"的本义是"债"。"任"的本义是挑担、荷、肩负、负担。责任就是债务负担。

（2）责任源于利益。没有利益就没有责任。为什么说"孝敬父母，儿女有责"，因为我们享受了利益。

（3）责任不是义务！义务是可做可不做的事，责任是必须承担的事。负责任就是守法！责任与利益相平衡。承担责任既意味着付出代价也意味着收获回报。

（4）责任与能力相平衡。承担责任需要勇气，履行责任需要能力。有多大能力，做多大的事，担多大的责。只有责任心而没有履行责任的能力，履行便是空中楼阁。所以责任不胜于能力！责任与能力相互匹配，没有能力，连履行责任的机会都没有，因此，能力是责任的基础、前提；责任与能力相互促进，能力强，可以使人承担更大的责任，责任心强，促进能力的提升。

（5）责任是一种与生俱来的使命，它伴随着每一个生命的始终。人生处处有责任，只要活在这个世上，无论演什么角色，都有责任。责任不是你的重负，也不是你的悲哀，更不是苍天对你的偏爱。它是每个人都要完成的一种使命。人一生下来就享有权利，享受权利同时就要履行责任。人可以放弃权利，但无权丢弃责任。放弃承担责任、蔑视自身的责任，就等于在可以自由通行的路上自设路障，摔跤绊倒的只能是自己。应该明确自己的责任，承担自己的责任。唯有对自己负责的人，才有益于社会。

责任的种类。人生有四大责任。第一对自己负责，第二对他人负责，第三对职业负责，第四对社会负责。

对自己负责是生存的法则。只有自己能够决定自己的一切，改变自己的一切。对自己的行为负责，对自己的生活方式负责。敢于对自己负责，承担自己所做的一切，才是坚实、成熟的人生。

对他人负责是交往的法则。是诚实、守信和关爱的表现,对父母负责是尽孝;对亲人负责是友爱;对朋友负责是诚信;对集体负责是真心合作。

对职业负责是工作的法则。工作意味着责任,岗位意味着任务。在这个世界上,没有不需承担责任的工作,也没有不需要完成任务的岗位。工作的底线就是尽职尽责。企业淘汰员工的第一条原则就是不能尽职尽责!企业需要的优秀员工,不是有多高的学历、多好的经验、多高的技术,而是对工作是否具有认真负责的精神!

责任承载着能力,一个充满责任感的人才有机会充分展现自己的能力。无论是在卑微的岗位上,还是在重要的职位上,都能秉承一种负责、敬业、诚实的态度,并表现出完美的执行能力,这样的人一定是我们企业的最佳选择。如果一个人不能对自己的工作负责,就无法实现自我发展、改变人生境遇、实现人生梦想。

对社会负责是国家的法律。因为人生活在社会中,依赖社会才能够生存与发展,享受社会带来的利益。所以,每个人必须对社会负责。

2. 人为什么要负责任

(1)因为享受了利益,欠了债,欠债必须还。债务是推不掉的,责任也是推不掉的!不负责任要伏法!

(2)人可以不伟大,人也可以不富有,但不可以不负责任(不还债)。人可以放弃权力,但不可放弃责任。一切行为都是有代价的,每个人必须为自己的行为负责!

管理的核心内容之一就是把责任落到实处,将管理责任细化、具体化、明确化,结果实证化。责任不落实,就是管理的失败。

(3)履行责任是人生成功的基石。履行职责才能让个人能力展现最大的价值。没有履行责任,就没有速度,没有效益,没有全面健康的发展。因为当我们对别人负有责任的同时,别人也在为我们承担责任。

(4)负责任是诚信,负责任是安身立命之本。负责任的人才有可能被赋予更多的使命,才有资格获得利益和荣誉。一个不负责任的人,首先失去利益和机会,然后失去信誉和尊严。

(5)负责任是工作出色的前提、是职业素质的核心。一个不负责任的民族是没有前途的民族,一个不负责任的人是不可靠的人!一个不负责任的组织是注定失败的组织,不管这个组织看起来是多么强大、可怕!一个人能够认真履行责任,才能有激情和信誉,才能有成就事业的可能。

3. 修炼负责任的观念和行为

(1)树立负责任就是守法、有道德的观念。负责任既是道德规范更是法律制度规范,用道德劝人负责的作用是有限的,负责任必须用法律制度来规范。

(2)树立主动、认真负责观。负责任是法律的规范,责任是推不掉的。所以,履行责任要积极、主动、到位,履行责任不到位也是违法。

(3)树立责任第一、需求第二的观念。首先履行责任,然后满足需求。排序不能错。

(4)树立对自己负责的观念。自己的事自己承担,自己的

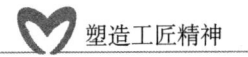

责任自己负。

(5) 树立勇于负责的观念。我们要清醒地意识到自己的责任,并勇敢地扛起它。无论对于自己还是社会都将是问心无愧的。任何时候,我们都不能放弃肩上的责任,扛着它,就是扛着自己生命的信念。

四、奉献是提升人生价值的重要方式

超越自我,把事做细做精,肯定要付出比原来更多的劳动和精力,这里面一定有奉献。没有奉献,精益求精很难彻底。

1. 奉献是什么

(1) 奉献的定义:奉献是把物质或精神产品自愿地、不求回报地、恭敬地送给他人的行为。奉,即"捧",意思是恭敬、尊重;献,指交出,给予。两个字和起来,就是"把实物或意见等恭敬庄严地送给集体或尊敬的人"。简单地说,"奉献"指满怀感情地为他人服务,做出贡献,是不计回报的无偿服务。虽然奉献是一种无私的爱,但奉献也是有收获的,奉献所收获的是人生价值的提升和精神的满足、灵魂的高尚、人格的伟大!许多志愿者不计报酬地工作就是这样,体现的都是工作的超越性!

(2) 责任与奉献的关系:责任是必须承担的任务和必须做好的工作。在本职岗位上恪尽职守、爱岗敬业、持之以恒等,都是尽责的表现。

责任存在于生命的每一个岗位。白衣天使救死扶伤、人民教师教书育人、公务员为民办事、军人保家卫国等这些都是本职工作。尽职尽责不是奉献，而是一种工作认真的态度。奉献只能是完成本职工作之后、不计报酬的额外付出，如图 2-1 所示。

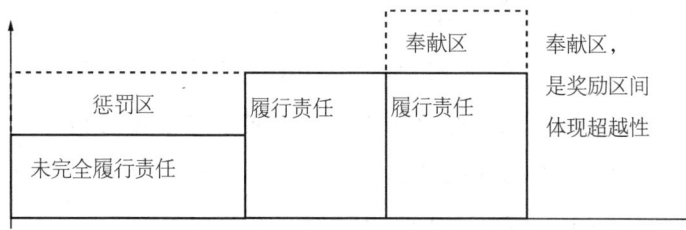

图 2-1 责任与奉献的关系

我们倡导的奉献精神应以"责任"作为底线。一个人充分履行了自己的责任以后的付出行为才称得上是奉献。奖励一定要在奉献区，人们才乐于奉献。

2. 为什么要修炼奉献观

奉献是提升人生价值的一种重要方式。没有奉献就没有提升，没有超越就没有卓越。

例如，假设领导要求某个员工完成的是"一"，但他却做到了"二"，那么这超出部分就是奉献。由此这位员工的价值不再是一，而是提升了一步。这样提升下去，人生的价值会不断地增值，其本人也会因此而不断地获得重用。奉献的本质也是为自己。

【故事】老板拿什么给你涨工资

有一个员工小李在一家民营企业工作了三年，同期来的其他人都涨了工资，唯独他还是原地踏步，于是去找老板问为什么。老板说："你到企业三年，工作能力没增加，工作经验没增加，工

业绩没增加。天上不下钱，地上不长钱，大风不刮钱，我又不会造钱，我拿什么给你涨工资？涨不涨工资，表面上是我说了算，但实际上还是你说了算。你想想啊，如果你为公司创造的价值很高的话，还用你来申请吗？公司主动就会给你涨了。"

为了自己心灵的净化和人生价值的提升。无私的奉献，体现的是道德的超越性（超越功利）。同时奉献也是为自己，奉献的人从中也收获崇高的精神满足、幸福、情操、爱心、美德、境界、灵魂的升华，所以，工匠也需要有奉献精神。

社会需要有奉献精神。公平永远是相对的。和谐社会公平正义的天平往往不是一次性实现的，需要多方、多次调剂，通过奉献来扶贫济困就是一种方法。所以，社会需要公民有奉献精神。

3. 应该树立怎样的奉献观

在尽职尽责的基础上超越功利，态度上做到埋头苦干、任劳任怨、义无反顾、心无旁骛、保持热情、充满激情、无怨无悔地把全部心思和精力用在工作上，把全部聪明和才智用在事业上，在工作中体现人生价值，在奉献中实现人生理想。在保证基本生存条件的基础上超越名利，谋事而不谋利、奉献而不索取。

五、竞争是检验能力的重要方式

1. 什么是竞争

竞争是生物因为生存、发展、享受需要的资源稀缺，相互争夺利益、食物、空间等资源而发生的一种争夺行为。竞争的根源就是资源稀缺。

（1）竞争的种类：①正式竞争，即有组织、有规则的竞争，如体育比赛等。②非正式竞争：没有组织的竞争，但有规则，实质上可以比出水平高低的某些社会活动，如学生升学考试等。③无规则竞争，强调用阴谋诡计和武力的竞争。

（2）竞争的特点：①竞争是普遍存在的。世界就是竞赛场，不管你承认不承认，喜欢不喜欢，竞争总是发生在每个人身上。"利己"与"排他"是竞争的主要特点。②竞争是残酷的。表现为优胜劣汰，失败者要承受巨大的精神压力，还要付出一定的物质代价。竞争与风险并存。有竞争就有失败，有时还要承担因失败所致的责任。风险是由多重因素决定的，如实力大小、机遇好坏、对手强弱、目标高低等。③竞争与合作同在。竞争与合作是相辅相成的，竞争平衡的结果就使得事物在竞争与合作中求得共同发展。

2. 为什么要竞争

（1）因为追求的目标相同而且资源较少。世界是一个择优汰劣竞技场！人生无处不竞争！企业无处不竞争！系统必须有择优汰劣的竞争机制，吐故纳新是进化的条件。

（2）竞争对人的发展和企业的进步有促进作用。建立良好的竞争机制，可以加速各项事业的发展，加快社会的进步。能最大限度地激发员工的潜能，使员工在竞争、比较中，客观地评价自己，发现自己的局限性，从而能够取长补短，共同进步，提高自己的水平，提高工作的效率。要成功，不仅需要朋友，也需要

对手（敌人）。朋友帮助你强大，对手强迫你强大，朋友不一定常有，可对手却以各种形式存在。超过对手的最好方法是让自己更强大。每个人都是有潜能的，人的潜能是被逼出来的。

（3）竞争赋予人压力和前进的动力，能激发人的上进心和创造力，能让集体更富有生气，丰富我们的生活，增添工作和生活的乐趣。

（4）竞争是自然界生物链中的生存法则，也是人类社会演变生息的规律，只要有生命存在的地方就有竞争。"物竞天择，适者生存"。

3. 应该树立怎样的竞争观

（1）变竞争为竞赛！按照平等、公平、诚实、守信的原则竞赛。动物世界搞竞争，文明社会的企业搞竞赛，看体制即知成败。如果不按规则竞赛，不按规则出牌，什么手段都可以用，只以达到目的为准，那么一定是天下大乱。

让竞赛无处不在、无时不在。赛规则，保证过程合法。赛结果，取效果最优。赛精神形象，考查遵守规则。赛钻研技能，考查优质产品的质量和数量。赛创新能力，考查创新产品的质量和数量。赛管理能力，考查节约的过程方法和效果。

（2）与自己竞争。竞争本质不是战胜对手，而是战胜自己。竞争对自己，超越昨天。视昨天为落后，从小事做，从细到精，做好小事，成就大事。如果竞争是对他人，那么竞争的升级就是斗争，甚至是战争。企业不是战场，而是培养人性的学校、缔造幸福的工厂、赚取利润的场地。在与自己的竞争中，要竞于道德，争于奉献；竞于能力，争于工作；竞于绩效，争于负责。

领导们去市场竞订单,员工们在现场争活儿做。

(3) 竞争的最高境界是竞合!就是整合资源的能力,和合力量大,因为个人的能力＝自身能力＋整合利用外部资源的能力,个人能力有限,外部环境资源的能量无限。如项羽个人能力强,刘邦利用外部资源的能力强,所以刘邦胜了。

(4) 积极参与竞争。培育迎接挑战的勇气和信心,锻炼能够面对竞争中的挫折与失败的良好心理素质,形成正当参与竞争的品质。在组织内部以竞争实现个人出类拔萃,以整体协同跟进实现整体进步和发展,这才是根本目的。

正确认识竞争和失败。竞争的意义在于每个人全力以赴地参与和争取,以实现互相促进、共同进步。有竞争就有失败,名列前茅只是少数,但对于大多数没有获得名次的人来说其意义同样重要,从中大家学到了经验,磨炼了意志,因此,应坦然面对竞争,保持良好的心态,充实自己的实力。失败并不可怕,真正可怕的是跌倒了不想再爬起来。屡败屡战的人同样是英雄,只有敢于竞争、善于竞争,才能不断完善自己、超越自己。

4. 克服竞争的消极作用

哲学家怀特海认为:"生命是一种进攻。缺乏进取精神的民族意味着堕落。唯有开拓和竞争,才能立于不败之地。"(《观念的历险》)竞争可能使某些获胜者滋长骄傲自大的情绪,使某些失败者丧失信心、产生自卑感;竞争的压力可能引起我们心情的过分紧张和焦虑;更严重的是,当虚荣心作怪的时候,会把别人的成绩看作一种威胁,出现怨恨别人超过自己的忌妒心理。

不正当的竞争削弱团队精神、破坏人与人之间的关系、造成

内耗,使人习惯投机取巧,养成懒惰、自私的坏习惯,最终降低实力,形成不良团队氛围,影响团队成员发展和进步。

克服竞争的消极作用要注重以下几点:

严肃竞争规则。对不守规则,弄虚作假,通过压制、打击、败坏他人声誉来突出自己,达到个人目的,不仅受道德谴责,而且按照制定的规则严肃处理。

多以团队的形式参与竞争。奖励时偏重于团队,大家好才是真好。

培养竞争意识与合作意识。养成正当竞争与善于合作的行为。人与人之间的竞争,不是你死我活的竞争,而是相互依存、相互合作的竞赛。在人际交往中,既要学会竞争,又要学会合作。

六、合作分享的必要条件

1. 合作是什么

(1) 合作就是人们会为了实现某个共同的利益目标、建立共同的规则、共同承担责任、共同分享利益而联合起来的共同行动。

合作就是建立命运共同体,合作的条件是先"合"后"作",通过共同协商,实现价值(目标)共识,规则共守,责任共担,利益共享。

定理:一切合作的目的都是为分享利益!没有分享就没有合作!

人们不害怕合作，只怕没有利益分享。人们不反对合作，只反对不承担责任。人们不拒绝合作，只拒绝不遵守规则。

（2）合作无处不在。世界万物都是二元合一的结构。夫妻是合作，没有合作就没有家庭，没有合作就没有人生。孤阴不生，独阳不长，万物都是如此。

（3）合作的最佳状态是和谐。表象为：思想趋同，目标趋同，行为趋同，即志同道合，同气相求，配合默契。"顾全大局，凝心聚力；协同合作，乐于助人；自动自发，尽职尽责；积极进取，勇敢顽强"是团队合作的基本精神。

2. 为什么要合作

为了使自己更强大。人是社会性动物，会本能地寻找盟友以使自己更强大。

唯有合作，才能成功。任何人都不是孤立存在的，都要和周围的人发生各种各样的关系。不论你从事什么职业，也不论你在何时何地，只要在世上生存，就离不开与别人的合作。一个人学会了与别人合作，也就获得了打开成功大门的钥匙。小合作有小成就，大合作有大成就，不合作就很难有什么成就。

为了分享利益。利益是永恒的追求，合作阶段的分享！快乐有人分享，快乐加倍；压力有人分享，压力减轻。分享是一种博爱的心境，学会分享，就学会了生活。分享是一种生活的信念，明白了分享的同时，也明白了存在的意义。合作让生活变得更精彩，学会合作，便是在分享快乐。

人人需要合作。两件事物互相配合，互相辅助，缺一不可。事无全功，物无全用，人无全能，合作双赢。一个人无论有多大

的才能,力量总是有限的,总有无法独立完成的事情,因此要学会与他人合作,取长补短,相携共进,才能都获得成功。

管理需要合作。反对内耗,提倡塑造团队精神,通过各部门、个人之间的通力合作,实现最小投入、最大产值。

合作是必须履行的责任。工作的责任由两部分构成,一是完成自己的本职工作;二是完成整体工作链条中的配合工作,有一个环节不配合工作,整个工作链条就断了,本岗位的工作做得再好也没用了,因为整体已经瘫痪了。所以,合作是必须履行的责任。

3. 应该怎样合作

真诚合作。少说空话,多干实事。大局为先,事业为重,实干为本,业绩为要,全面配合。

主动合作,配合到位。主动补台不拆台,善于拾遗补缺,巧于补台断后。

平等合作。遵循规则,尊重他人,包容缺点,协同付出,共同分享。

团队合作。不求人人突出,但求人人进步。追求整体的素质、能力和绩效的提升。

要鼓励,不抱怨。停止一切抱怨是持续合作的条件。人因欣赏和赞美而结合,因指责和抱怨而分手。在团队,抱怨会造成机构内部彼此猜疑,涣散团队士气,久而久之就会演变成"个人攻击、泄私愤、图报复",形成团队涣散、关系松散、工作消极、意见分歧的局面。

抱怨别人是自己的修养不够。抱怨别人是为了显示自己、

第二章 塑造工匠的核心价值观

掩盖自己能力不足、推卸自己的责任、为自己放弃努力找一个借口。抱怨不仅伤害了别人，也伤害了团队和自己。抱怨的最坏结果是团队分裂和朋友远去，遇到问题，不必怪罪别人或文过饰非，不要怨天尤人，从自身找问题，做更好的自己。

抱怨牢骚不能改变事实。正确的行动才能改变现状。抱怨不如欣赏，与其毫无意义地抱怨，不如去寻找值得欣赏的东西，支持它、理解它、改进它，结果会大不相同。不要抱怨同事、家人、朋友无能，把抱怨的时间用于提升他们。把他们提高了，我们的环境、机遇、水平也就提高了。

信任团队。对团队中的成员要高度地信任，信任是合作的前提，信任团队，才能从团队中获得源源不断的能量；有了人与人之间的信任，才能与伙伴携手共进、努力拼搏。

学会宽容，不仇恨。宽容是强者的品格，宽容别人，快乐自己。得理要饶人，理直气要和。宽容别人，既要容人之短，又要容人之长。能容人之短是气度；能容人之长是风度。

仇恨只是把别人对自己的伤害储存起来，随时拿出来再次伤害自己。仇恨有时是因为我们脆弱，有时是因为我们贪婪、自私和嫉妒。烦恼多因心量小，智慧来自眼界宽。恨别人，痛苦的却是自己。

热情合作。做到心中有梦（创造精品，出色当行），眼中有事，手中有活，工作有心，合作有情。冷漠、不关心他人，是感情上的极端利己！

有分享地合作。走双赢之路。能够分享是成熟，学会分享是智慧。

七、目标专一是卓越的必要条件

1. 目标专一是什么

目标专一是指系统在同一时间内要实现的核心目标只有一个的行动规范。一切行动、一切资源、一切能力为实现核心目标服务。

2. 为什么需要目标专一

因为能力有限。只能专注单一的目标,专注自己的目标,目标漂移,一事无成,聚焦目标,点燃生命之火。当人把全部精力对准目标,不断努力,一定会燃起生命的火花。集中精力,成就大业。从小事做起,把小事做好做精,最终成就大事。人因专注而专业,因专业而精业,因精业而卓越,因卓越而超越。

因为天道专一。老子说,天得一以清,地得一以宁,神得一以灵,人得一以圣,如图2-2所示。

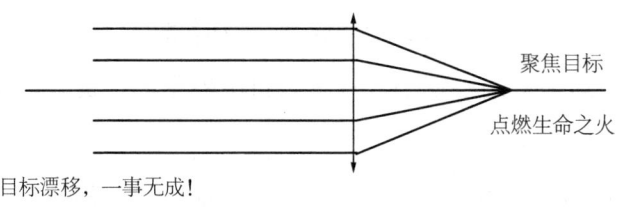

图2-2 凸透镜原理

3. 怎么实现目标专一

以理想终极目标规范现实目标,去掉一切不符合终极目标的其他目标,一切行动力为实现理想的终极目标服务。

竭力尽智。认真做,能把事情做对;用心做,能把事情做好;用情做,能把事情做精!

给自己立法,志心笃行。坚定信念,经得起诱惑。可以平凡,绝不平庸;埋头才能出头,能忍才能任。把平常的事做极致就是最不平常。

通过制订工作计划,保证目标的一致性。通过反思不断校正自己的行动目标,如同开车一样,不断在行动中校正自己的目标。

八、勤奋努力才能将理想变成现实

1. 勤奋是什么

勤奋是指思想上奋发向上、规则上珍惜时间、行动上认真努力、意志上不怕吃苦、始终如一、竭力尽智做事的一种行为习惯。

勤的要求是珍惜时间、勤学习、勤思考、勤探究、勤实践,始终如一。奋的要求是思想振奋、意志坚强、不怕吃苦。最宝贵的勤奋,不光是身体上的勤奋,而是精神上的勤奋,勤奋靠的是毅力,是永恒的努力。

2. 为什么需要勤奋

勤奋是美德,天道酬勤有回报,坚持不懈,业精于勤。

天才出于勤奋,成功来自勤奋!华罗庚曾说过:"勤能补拙是良训,一分辛苦一分才。"唯有勤奋,才能将理想变成现实!

3. 如何勤奋

立即行动，不拖拉，要只争朝夕，拖延＝逃避。

追求方法巧妙。无识之勤是愚勤，无法之勤是蠢勤！既要实干又要巧干，这里说的巧干绝不是偷工减料、藏奸耍滑。以苦干为主的血汗经济时代正在或已经成为过去，智能革命、智慧经济时代的到来，由中国制造变为中国智造，一定要在勤奋中追求方法的巧妙，用智慧提高质量和效益。

全力以赴，竭力尽智。不断激励自己，每天朝目标全速前进。

勤奋努力，坚持不懈。不放弃，方法可以调整，目标不能放弃。

九、学习力是永恒的竞争力

1. 学习是什么

学习是人们为了增加输出功能，通过注意、观察、倾听、感觉、记忆和思维等活动感受和加工环境中的知识信息，并在实践中不断地模仿（效法）、调整、提高行为能力的过程。

学习的目的是增加输出功能，输出功能是检验学习效果的唯一标准。学历不能证明一定有输出功能，绩效是检验能力的唯一标准，因为环境只要求输出功能。

"学"是注意、观察、倾听、感觉、记忆和思维等活动感受和加工知识信息的过程。"习"是不断地模仿（效法）、调整、提高行为能力的过程。"习"是反复地做，反复地实践，以行为能力提高为有效。

"学"使人丰富思想，提高智力；"习"使人增加技艺，提高能力。"学"使人丰富，"习"使人成长。只"学"不"习"，没有社会实践，结果却一定是一个行为能力的弱者。

学习力＝意志力＋记忆能力＋思维能力＋创新能力

有效的学习力是竞争力，无效的学习是破坏力，至少是浪费生命。无效培训是企业核心能力的破坏者。

2. 为什么学习

人的一切知识都是学来的。学习提高能力，学习改变命运，学习是发展之源、成材之基、生存之本。学习是人生的一种需要，人生从学习开始，积累有用的知识等于收藏宝贝。满足个人的学习天性与对学习的渴望，使工匠在学习中享受生命的意义。

学习力是唯一持久的竞争力。当今世界发展快，工作变化大，人们经常要做以前从来没有经历过的事。与此同时，一个人的学历、经历、能力不仅有保质期，而且保质期越来越短。在这种情况下，会不会做不重要，会不会学才重要，学得快不快更重要。所以，学历不如经历，经历不如能力，能力不如学习力，学习力是唯一持久的竞争力。彼得·圣吉说："未来唯一持久的竞争优势，就是比你的竞争对手学习得更快的能力。"

人的能力永远不够用。机械设备永远需要改进，方法永远需要创新，所以提升能力是永恒的主题。人的一切能力都是学来的，通过不断学习和修炼，充分开发工匠潜能、提升能力。

唯有不断地学习才能使自己不成为功能性文盲！在创新时代，新产品层出不穷，需要人们尽快地掌握使用方法，否则就成

为功能性文盲,大工匠、老教授也可能成为新文盲。1972 年联合国教科文组织在《学会生存》中指出"未来的文盲不再是不识字的人,而是不会学习的人。"

唯有学习才能不断地提升自己的人格。人格以符合客观规律的标准为高尚,掌握客观的标准需要学习、敬畏客观规律。无知者无为、无位、无畏。无畏者最可怕,他们胡作非为、为所欲为、肆无忌惮、随心所欲,无法无天。有威可畏才能有道可守,有道可守才能有德可得。真正的工匠必须有坚定的人格操守。

唯有学习才能走向世界。人生舞台已经从一家、一国变为全世界,要利用全世界的资源,必须进行全球化学习,学遍世界才能把握世界、利用世界。

3. 应该树立怎样的学习观

树立终身学习观。到处学习,不断学习,一个人只有通过不断学习,全面深入地开掘创造性和修炼力,拓展与外界信息交流的深度和广度,才能立于不败之地。无事不学、无时不学、无处不学,成功之道也。

树立快乐学习观。享受学习的快乐,不快乐的学习是上刑,在学习中找到快乐,为学到真知而快乐。王艮的《乐学歌》中说:"不乐不为学,不学不知乐,乐是乐此学,学是学此乐。"

树立大学习观。作者的大学习观是:人人是我师,事事是我师,物物是我师,处处是学校。资源就在身边,学习无处不在。

人人是我师——以工友为师,在互动中学习;以标杆为师,在模仿与超越中学习,"见贤思齐焉,见不贤而内自省也"。以万人为师,在网络中学习。电子化学习,现代化的信息手段为学习提供非常好的条件,一个掌上电脑就可装下一个书库,背后还连着天下名师的讲课和知识网络的海洋。蜂采百花蜜,人学百事优。观千剑而识器,操千曲而晓声。采尽百花酿成蜜,学遍名家成大家!

事事是我师——以前事为师,在反思中学习;以问题为师,在修炼中学习。以标准为师,在创新中学习。

物物是我师——以万物为师,在感悟中学习。师法自然,自然是人类真正的导师。成熟的麦穗低垂着头,那是在教我们谦虚;蜜蜂在花丛中忙碌穿梭,那是在教我们勤劳。绽放的腊梅傲立在冰天雪地中,那是在教我们顽强。

处处是学校——人生无处不学习,人生无处不应用。天地是学校,现场就是课堂;万物是老师,同事是同学,工作就是作业。

围绕工作核心,贯彻核心理念、塑造工匠文化。学而利于思、学而利于行。最终落实在创造、发展、提高绩效。只有起点,没有终点。学点管理修炼必备的基础知识:

学点管理学,因为事事都是管理。管理是存亡之道,兴衰之法,成败之术,人生的成功、企业的成功都是管理的成功。无论你是谁,不论你从事什么工作,要想减少失败,收获更大的成功,必须学会管理。

学点创造学,进化的过程就是修炼的过程。

学点心理学,心态的乐观就是健康的前提。

学点统计学,统计的大概率是选择的目标,在理性基础上,一切判断都是统计学。

学点哲学,哲学的方法使人深刻而理性。

树立创新学习观——在学习中创新,在创新中学习。

树立创新学习目标。目标就是要解决的问题,带着问题学。体现工作,贴近问题;体现素质,追求实用;体现修炼,追求卓越。在日常生活中,学会生存,遵守规则;学会合作,履行责任;学会做事,掌握流程;学会发展,不断修炼。

全方位、立体化学习。形式多样,不拘一格,以达到目标、解决问题为准。可以工作学习化,学习工作化,工作不离学习,学习不离工作。学习不仅仅指在教室学,读有字之书。生活是无字的书,从读书到读事、读人、读万物。学真本事,回归实践,悟大智慧,师法自然。

创新学习的原则(图2-3):①案例学习,简明及时。②明确目标,增强兴趣。③循序渐进,主动发展。④把握重点,重在应用。⑤整合条件,优化资源。⑥不断清理大脑中的垃圾,删除过时的、错误的观念。

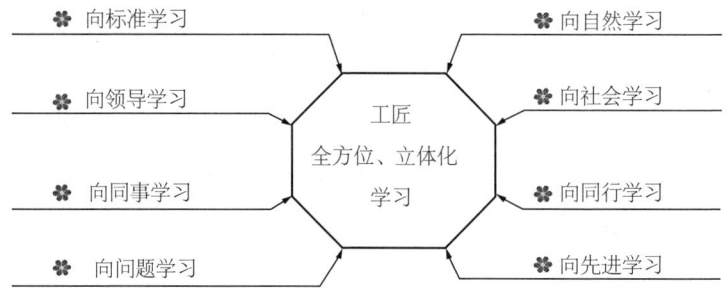

图2-3 全方位、立体化学习

创新学习要重视六个关键字:择、信、解、行、证、悟。

择:选择一本好书,等于找到一个好的老师,人生最大的失误是读错了书,读错了书能害死人。人的一切能力都是学来的,包括愚蠢。许多人能力不高,是因为学了没用的东西。许多人业绩不好,是因为用了没用的东西。学习如吃药,选择很重要。

信:读书信七分,留三分怀疑,尽信书不如无书。

解:对关键的地方细分析,详解释,把握内涵、外延和适用条件。

行:按规则去做,唯有行动才能将目标变成现实。

证:用行动的结果证明理论。

悟:知识是学来出的,能力是练出来的;品德是修出来的,智慧是悟出来的。读万卷书还要行万里路,行万里路还要阅人无数,阅人无数还要高人指路,高人指路更要自省自悟! 找到本质,抓住核心,把握关键,由通到精,由通到简,去粗取精、便于把握和应用、在应用中修炼。

学习不仅需要方法、技巧和工具,更要有一颗精心,用工匠精神去学习。目标专一,有目标地积累知识才有效!认真学对,用心学透,用情学精!投入真情,进入状态,演好角色,找到快乐,悟到规律,找到感觉,形成风格,挖掘特色。钻进去,跳出来,入乎其内,入情,入理,入精髓。出乎其外,出格,出局,出高度。

十、大拥有观成就旷达人生

1. 大拥有观是什么

大拥有观是以所用为拥有、物质财富只求够用、精神财富追求极大、以拥有知识和智慧为荣耀、强本而节用、淡泊名利的旷达理念。

2. 为什么需要大拥有观

因为拥有知识技能胜过金银珠宝。在知识经济时代，最值钱的是系统化的知识和程序化的技能。知识在大脑里，技能在双手上，不怕偷、不怕抢、不怕骗、不怕用。

因为世间之物是世间所有人的。人是世间的过客，在历史的长河中只一瞬间。身外之物，我用即我有，山水风景，我看即我有。只求所用，不求占有！占有也不能永久。

因为物质财富是有限的，而精神财富是无限的，知识财富是无限的。所以，有限的财富有限追求，无限的财富无限追求。

3. 如何践行大拥有观

身外之物有限追求、够用就行。为社会创造财富可以无限地增加，体现个人的存在价值。个人占有财富适度而止，没钱不行，够用就行。欲求适度，过则生害。物质刺激过度使人肉体痛苦、精神痛苦，精神刺激过度使人疯狂，至少能使人精神不正常。欲望无边，心性烦躁。嗜欲深者天机浅，物欲过者德行差。追求工匠精神的人一定要淡泊名利，专注目标，否则心情浮躁，影响智慧的发挥。物质财富够用就行，精神财富可以极大地丰富！

求财有道，行为规范是人格高尚的标准。君子爱财，取之有道，积之有度，用之有理，享之有界，敬之有法。老子说："甚爱必大费。"物质的占有超过自己使用的限度，给人带来的不是幸福，而是劳心费力，甚至灾难。

知识、智慧、技能财富向无限追求。高度创造第一，合道；角度创造唯一，独到；理论创造归一，系统；程序创造统一，规范；知行创造合一，有效。拥有登峰造极的知识和技能才能胜过金银珠宝，碎片化的知识几乎无用，靠出苦力的技能不值钱，一切创新都是为了解放劳动力！

十一、磨炼是伟大的必然经历

1. 磨炼是什么

磨练是指在艰苦困难的环境中，强化意志、增强体质、重塑人格、提升能力的一种特殊的锻炼方式。

2. 人生为什么需要磨炼

因为磨炼是必然存在的。人生一帆风顺、万事如意，只是美好的祝愿。自然界拥有暴雨狂风、严寒酷暑、野兽蚊虫等，人们必须要面对；人生有疾病的痛苦、竞争的残酷、失败的打击、奸诈的坑害等，人们必然要经历。磨炼不是你的不幸，也不是我的悲哀。磨炼是生存的必经之路。

人生贵在磨练。泰戈尔曾说："只有经历地狱般地磨练，才能练出创造天堂的力量；只有带血的手指，才能弹出世间的绝唱。"

磨炼是人生的宝贵财富。脑筋越磨炼越灵活，心灵越磨炼越透彻，四肢越磨炼越发达，意志越磨炼越坚毅。唯有经历磨炼的人生才能过得充实，唯有经历磨炼的青春，才会更加光彩照人。

3. 如何主动接受磨炼

接受磨炼。不能接受就得忍受，不能忍受就难受。只有先接受它，然后用智慧去改变它。在工作中，合理的是训练，不合理的是磨炼；用合理的训练自己，用不合理的磨炼自己。

磨炼自己，需要耐得住寂寞和孤独。在寂寞中韬光养晦，在孤独中宁静致远。人生最精彩的不是实现梦想的瞬间，而是坚持梦想、追逐梦想的过程。

在磨炼中提升智慧和能力。要不断地总结挫折和失败的教训，寻找解决问题的方法，如果不善于总结，挫折和失败的学费就白交了。

在磨炼中学习。带着问题学，提高得快。

以坚定的信念、宽广的胸怀、乐观的态度接受磨炼。不是在磨炼中坚强，就是在磨炼中死亡。各种磨难来袭时，我们要坚定信念、乐观地接受、积极改变，在坎坷中追求平坦，在动荡中追求安然。让困难使成功变得精彩，让磨炼使生命变得美丽。在赏识中奋进，在挫折中坚强；在孤独中自立，在宁静中致远；在谴责中成熟，在委屈中平衡；在妥协中前行，在虚怀中充实；在放弃中承担，在谦卑中完善；在耕耘中收获，在奉献中提高。

遇事不要生气。生气不如争气，争气不如努力。生气无用定理：事情如果有解，不用生气；事情如果没解，生气也没用。结论，生气无用，生气只能生病。

学会宽容。土地宽容了种子，拥有了收获；大海宽容了江河，拥有了浩瀚；天空宽容了云霞，拥有了神采；人生宽容了遗憾，拥有了未来。

磨炼不用刻意去找。选择了高尚，就选择了艰苦。选择了攀登，就选择了坎坷。选择了前进，磨炼就必然存在。我们用陈明远的一首诗《答友人》作为本段结尾，"问余何日喜相逢？笑指沙场火正熊。猪圈岂生千里马，花盆难养万年松。志存海内跃红日，乐在天涯战恶风。似水柔情何足恋，堂堂铁打是英雄。"

十二、大工匠永远自强前行

1. 自强是什么

自强是拥有自我组织、自我协调、自我管理、自我实现的强大能力。

2. 为什么要自强

大工匠必须有自我组织、自我协调、自我管理的能力。现实中有的员工缺乏独立性，不能独立开展计划；缺乏自信心、自主性和创造性；当领导委以重任时，想方设法推辞，不接受或不敢接受过多的社会工作；交往少、朋友少；经常抱怨领导关心不够，同事支持不够。

过度依赖别人会导致不能独立完成任务。人和人之间是相互依存的，我们不否定依赖，但依赖中应有独立，任何事情都要把握一个度。过分依赖容易导致不够自信，无法独立直面问题，遇到事情常恐惧和焦虑，此时若得不到依赖和帮助，就容易产生憎恨和愤怒。自强才能产生自信，自信的条件是能力强大！

完全依靠别人的人不可能长久。人生有许多事情是不可替代的，人生最终靠自己。

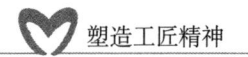
塑造工匠精神

3. 如何实现自强

改变理念。人生靠自己，求人不如求己。人生在世，有人帮助是幸运，没人帮助是正常。人生关键是靠自己，自强者不息。自己不想站起来，没人能把你扶起来。一个人如果什么事都依赖别人，就把自己废了。

依靠自己产生自信。自信是成功的基础，多一分自信，就多一分成功。自信的前提是自强，经常悲观的人，怎能把欢喜传给别人？经常痛哭的人，怎能给别人带来快乐？自己能量小，又怎能为他人服务？所以人生首先要做好自己，顶天立地，不用他人费心，这是对家庭的贡献，也是对社会的贡献。

改变行为。自己的事情自己做，自己的责任自己担。自己塑造自己，不要什么事都依赖别人，每一个人都要学会独立地分析问题、独立地解决问题。

学会独立并不难，只要自己愿意、勇敢、自信、果断、坚毅地去做，就一定会学会。开始做不好，没关系，谁都会有第一次，只要去做了，就会从中受到启发，就会从中受益。

改变方法。①做出自己的人生规划，有规划的人生是生活，没有规划的人生是混世。有规划的人生才叫蓝图，没规划的人生叫拼图；②要有年的工作计划、月的工作计划、周的工作计划、日的工作计划；③每天有工作检核表，完成一件画掉一件，这张工作检核表像催征的战鼓一样，使人不断前行；④选择优秀的榜样，在追赶中使自己强大；⑤乐于助人，在帮助别人的过程中提升自己，如图2-4所示。

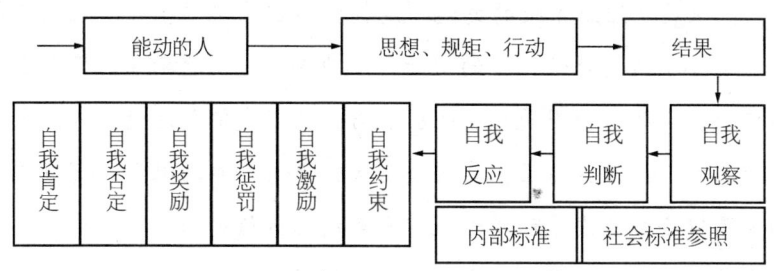

图 2-4　思想和行为的自我调节和控制

个人的自我意识，以自我感觉、自我观察、自我体验（是非、荣辱、祸福、进退、成败、生死）、自我分析、自我批判（意义和价值，道德原则）、自我塑造、自我超越和自我反思（发现真实的自我、塑造理想的自我）等形式，来形成关于生活意义的自我理解。以自己的思想和行为塑造自己的人生。

本章小结：塑造工匠精神是要调动精神力量，以神圣的灵魂、伟大的精神给工匠以永恒的追求、无穷的力量！通过塑造工匠精神，使员工爱上自己的工作，负起自己的责任，完成自己的使命，奉献自己的爱心。把应该做的事做到极致。

我们围绕工匠精神的标准，给出了十二个核心观点，聪明的读者可能会看出，每一个观点，都是按着"是什么、为什么、怎么做"的流程来论证的，这就是系统化、规范化、流程化解决问题的方法，是什么，界定问题；为什么，揭示动因和本质；怎么做，给出供您参考的方法。它的优点是逻辑严谨，要素齐全、结构完整。这是提升工匠能力必须掌握的方法，作为工匠，必须把系统化、规范化、流程化解决问题的方法落实在行动上，而不是喊口号。

价值观是组织系统的灵魂,是构成组织系统的基因,组织的创新(进化)首先是价值观的创新。①塑造工匠需要确立健康向上的价值观,因为价值观是人生的引航灯,所以我们要改变现状,先得改变自己;要改变自己,先得改变我们看待外界的观点。②价值观的范围较小需要发展和扩大,首先要放大价值观念。现代科学技术的发展,使地球变成了一个村子,我们现在想问题就要有全球化思维模式。③价值观的结构不合理需要调整,例如观念排序不正确就会产生恶的结果。④价值观系统的功能不够强大需要改善,价值标准较低、信念不坚定时内部驱动力不足,伟大需要有伟大的理念支撑,正当的行为需要提供充足的理由,强大需要有强大的理念推动。价值观时刻发出作用于的内心指令,为人类生活提供精神力量和行为动力,它具有创造与毁灭的能量。正确的价值观是成功的起点,是托起人生大厦的坚强支柱,是承载人生理想的诺亚方舟、决定人生的成败!⑤新发展需要新观念,比如"十三五"规划纲要,紧紧围绕"2020年全面建成小康社会"的奋斗目标,提出"创新、协调、绿色、开放、共享"五大发展理念。一个价值命题提出一种引人入胜的可能性,它是关于我们应该怎样生活和工作的一个建议(如绿水青山就是金山银山),新观念的出现往往是创新的契机,人们需要发现和创造符合客观规律的新观念。

第三章
塑造工匠的制度

　　制度是塑造人的模具，什么样的制度塑造什么样的人才。塑造工匠的制度按照工匠精神的标准制定，人们就必须按照工匠精神的标准做事！所以缺少大量的工匠人才的本质是缺少塑造工匠的制度。

　　塑造工匠精神不是难题，自我塑造工匠精神才是难题。本章的目的就是要通过制度驱动实现自我塑造工匠精神。

塑造工匠精神

第一节 制度的基本概念

一、制度的定义

1. 定义

制度是组织系统为了保证合作（惩恶）、促进合作（扬善）、适应环境变化、提高系统的效益功能而制定的、必须共同遵守的、制约人的不可为、规范人如何为、培养人高效为、激励人自动为、合理分享利益的各种规则的总和。

2. 制度的定义的含意

设计制度的第一目的是培养人，即保证合作（惩恶）、促进合作（扬善），因为制度传承企业、发展企业，制度依靠人制定、遵守和执行，所以，培养人才是制度设计的第一目标，设计制度的第二目的是提高系统的效益。

制度是企业组织功能的体现。

制度系统的功能＝（要素的功能＋结构功能）* 环境的作用

所以提高制度的功能有三个路径，一是提高制度要素的功能，二是改善制度的结构；三是提高制度与环境的切合度和对环境的利用。

制度是管理的手段。管是约束,以惩罚为手段,强迫人必须做。理是用"利"引导,理顺关系协调一致,理清秩序有条不紊。所以,管理就是管利益,一切制度如不与利益挂钩,就不是制度。

管理力 = 利益的诱惑力 + 惩罚的恐惧力

人之所以不愿意改变现状的原因只有两个,一是诱惑力不够大,二是恐惧力(强迫力)不够大,制度的威力在于违反制度的后果!管理制度以奖罚为手段,管住不可为、管好如何为、培训高效为、利益驱使自动为。

二、完整制度的四个要素

一个完整的、可操作的、能保障执行的制度,主要有以下四个要素。

1. 原则性条款

制度条款的公理化原则:无矛盾(合理)、完备性(全面)、独立性(简单)。

无矛盾。不能违反客观规律和国家法律;制度的条款不能相互矛盾;条款排序正确,清晰而严密;公开公平公正;具有可操作性,规范合理,才能行之有效;正式制度与非正式制度目标相合,最怕非正式制度(潜规则)隐藏在正式制度的背后破坏正式制度。

完备性（全面）。规范标准完备严谨，尽管制度不能做到天衣无缝，但要尽量严谨，把责任（必须做什么）、义务（提倡做什么）、禁止做什么、制裁（奖惩）方式等说全；监管体系完备严格，形成循环的监管体系，全员、全过程、全方位监管，制度之内没特殊的人，特别是最高领导也要受制度约束，一切权力都在法律规范之内、制度规范之内运行。职能法制化，法无授权不可为；处罚标准完备严厉。问责标准完备严肃，有过必罚，制度的有效性不仅在于规定了什么标准，更重要的是违反制度的后果。

独立性（简单化）。同样的要求只在一个条款中出现，不能重复；表述要准确，简明扼要，不能含糊其词；各项制度相互独立，不重叠。

2. 实施细则

实施细则是针对原则条款定出具体的实施方法和标准，主要解决怎么做、如何执行。它将原则条款转换为可操作的程序和可量化的检查表，如企业管理中常见的考核细则，是人们行为的真正指挥棒。制度的实施细则要严谨细密，考核的内容尽可能严密，不留空白点。制度实施细则应注意以下几点：

细化目标，量化到每一步。

细化职能，量化到每个岗位。各就各位，人人有事做。

细化责任，量化到每个人。各干各事，人人有责任。

细化制度，量化规范到每一事。事事有规范。

细化流程，量化落实到每个环节。事事有方法。

细化监控，量化到每一点。点点不失控。

细化考评，量化到每件事。事事有考评，人人有考评。各考各评，评先选优不用投票，弱化人为因素。

细化时间，量化到每一秒。时时有事做。

细化空间，量化到每一点。处处有人管。

细化成本，量化到每一分。分分生效益，处处有节约。

细化物品，量化到每一件。件件有用处。

3. 循环监督、检查、考核的机制

监督。有效监督的手段主要有：用大权力监督小权力，监督必须有权威性，从上到下；监督独立，当裁判员和运动员功能为一体时，几乎所有的制度都将变成废纸，孟德斯鸠在《论法的精神》中说：立法权、行政权、司法权，"如果同一个人或同一个机关行使这三种权力，则一切便都完了"，"为防止对权力的滥用，就必须用权力约束权力，建立一种能彼此调节配合并相互制约的制度"；监督的全面性，全方位、全过程、全时空监督，事事监督，无空档。包括：事前监督，有预防；过程监督，不失控；事后监督，不失察；政务公开，监督才能有效，一切腐败都是暗箱操作的，用民主评议、厂务公开监督最大的权力，形成管理制度的制衡作用。

小偷和守卫博弈的结论告诉我们，违规（腐败、造假、渎职）屡禁不止的主要原因是监管不力，必须靠加强对相关执法部门的监督和加大对监察失职行为的查处来保证。

策略：重罚违规者和监管失察者，重奖举报者。

检查。包括谁检查，按什么程序检查，按什么标准，检查者要负什么责任，怎么约束检查者。它是制度执行机制中最关键

的部分。缺少检查程序,制度的执行就没有保障。通过严格的监察,使人"不能"犯规,做不成坏事。

考核。考核的细则是真正的指挥棒。人们不一定按规定去做,但人们一定会去做你所考核的。考核一定要量化,精确在于量化。不能量化的事物说服力度不够。模糊(自由)的空间有多大,乱来(腐败)的空间就有多大。这就需要细化,降低人为因素。"质量原则"与"数量原则"相统一。先考查质量,再考查数量,没有质量就没有数量。

4. 落实奖励与惩罚机制

为什么?①给检查结果一个说法,让奖惩落实到位,惩罚使人不敢犯规,奖励使人不想犯规;②制度以奖惩规范人的行为,如果奖惩不落实,制度等于没有,以前的工作都等于作秀,"有法不依"比"无法可依"更坏,所以制度只有到了执行阶段才具有实质意义。

怎么做?①有功必奖,有过必罚,有法必依,违法必究;②奖惩及时,秋后算账的效用就不大了;③必要时可以搞仪式,扩大效果,奖要奖得心花怒放,罚要罚得心惊胆战。

制度的设计、监督、执行和遵守,都需要人来完成,所以法制最终还要归到人治,培养合格的人是管理的第一要务。

第二节　塑造工匠的制度的基本原理

如果企业是一列火车，那么制度就是火车的发动机，先进的动车是每一车箱上都安装了发动机，更先进的动车是自动化的无人驾驶的火车。塑造工匠的制度就是要给每个人都装上发动机，使每个人成为无人驾驶的火车上的一节。

所以，设计塑造工匠的制度，目的不是如何管理，而是如何实现自我管理、不用他人管理！设计出可自动执行的制度，使企业成为一部自动运转的机器。

一、目标同化原理

原理的表述：合作双方的利益目标一致，双方利益目标的实现在空间上相同，在时间上相同，这叫目标同化（空间上和时间上的错位都有可能导致管理失败）。

理论依据：管理的力学原理，目标同化，合力最大，效果最好。目标是系统的核心，目标必须成为系统的共同追求，否则一事无成。

二、利益绑定原理

原理的表述：合作双方必须成为利益的共同体，由传统的

塑造工匠精神

"单一治理"模式转变为"共同治理"模式。

通过制度（契约）将双方的利益关系绑在一起，使"我的利益与他的利益融为一体"，进而实现"我要做变为他要做，我管理变为自管理"，在利益的驱使下，自动自发地实现组织的管理目标。

理论依据：①密切合作的"四共原则"，即，"目标共同，规则共守，责任共担，利益共享"。②合作定理，"一切合作的目的都是分享利益！没有分享就没有合作"，没有共同的利益就没有共同的管理。

例如，晋商的"顶身股"制度，就是根据员工能力（绩效）确定参与分红的股数。这种制度将商家的利益与员工的利益紧紧地绑在了一起，也被称为"金手铐"，它使个人目标与企业目标趋于一致。其效果是"企业兴、员工富，企业衰、员工穷"，由此自然会产生一种约束自己的力量，而使员工自动自觉地为企业的整体兴旺而奋斗。这种分享制不是平均主义，每个人分红多少取决于本人对企业的贡献，能升能降。这一制度设计，合乎现代经济学中的人力资本的产权理论；人力资本、钱物资本融为一体，共同参与利润分配，通过制度设计，使合作双方利益趋于均衡，达到"人力尽其才""钱物尽其用"。

三、物质利益刺激效益增长的原理

原理的表述：个人收益的增量与创造绩效的增量成正比。

理论依据：人是被利益推动的，只有多得人才能多付出劳

动,只有多付出劳动才能使经济效益增长。所以在设计制度时,使个人收益随着创造的效益变化,真正实现多劳多得,人们为了扩大收益会不停努力。

依据这个原理,塑造工匠的企业必须有以下四种制度。

1. 绩效价值量化考核积分制度

(1) 理论依据。科学管理追求精准,精准在于量化,所以,科学管理一定是量化管理。一切行为都是可以进行价值量化的,不可量化,便不可控制,没有量化,便没有管理。

绩效价值量化考核积分制度,这是一种择优汰劣的竞赛机制。商鞅在秦国变法时采用二十级军功奖励机制,"能得甲首一者,赏爵一级,益田一顷,益宅九亩",商鞅的战场杀人竞赛机制大大提高了军队战斗力,也为人们争取更高的社会地位提供了一个途径。商鞅虽死,其法不废,被沿用至今。

在交换过程中,一切行为都是有代价的,一切可控的行为都是可以量化的。功能用价值来量化,所以,价值量化一切,绩效考核积分决定一切!人才的终极标准是绩效,人才的过程标准是遵纪守规。在合理合法的条件下,只用业绩来提升人,要避免出于别的原因!

(2) 绩效价值量化考核积分制度的操作方法。①价值量化考核积分制就是给管理要素赋予一个价值量化分值(价值权重),将考核结果一系列分值的累加,为利益分配提供依据。过程有规范,结果有标准,用过程规范考核态度,用绩效结果考核能力。②确定价值量化考核积分的项目。即明确哪些行为和结果可以获得考核积分(给需要的行为和结果加分,对不需要的行

为和结果扣分）。可选择的积分项目主要有：绩效考核（月度、季度、年度考核结果）积分、能力提升考核积分、遵守规章制度（品行态度）考核积分、特殊贡献考核积分等。积分项目形式的选择具有较强的灵活性，可根据企业阶段性需求的特点来设计。③确定各个积分项目的积分额度标准，设计考核积分表。积分额度标准要依据各个项目的难度以及对企业相对价值的大小来确定。企业越是需要的行为和结果，其分值越高。④确定具体的积分规则。积分规则包括如何累积积分，如何消费积分，员工积分账户的管理以及员工星级的升降规则等。

"价值量化考核积分制"包括加分和扣分，给需要的行为加分，不需要的扣分。

加分制：激励人发扬正确的行为。

扣分制：促使人自我修正错误的行为。遵守交通规则的价值量化考核采用扣分制，先赋予每个驾驶员一定的分值，违章后进行罚款或扣分；诚信价值量化考核可采用扣分制，先假设人是诚信的，给每个人的诚信打分为100分，违反承诺进行扣分，银行考核顾客的信誉，采用这种方法。

单项价值量化积分，例如，安全考核积分、质量考核积分、绩效考核积分、善行价值量化积分制等。

积分永久性使用。积分录入个人的账户后，员工只要不离开公司，积分终身有效，多次重复使用后不作废。

"价值量化考核积分"公开。第一，积分的作用公开，事先约定好，所有人都是一致的，体现公平；第二，价值量化积分的结果公开，员工可随时看到自己价值量化积分结果。

职位的升与降、待遇的升与降、人员的进与出（去与留）都以业绩为准。物质奖励和精神奖励的参考项目如下：

物质奖励参考项目：年度评优、奖金、福利分配、培训学习机会、薪级上调、职级晋升、带薪假、工作餐、学历进修、子女教育补贴等，如图 3-1 所示。

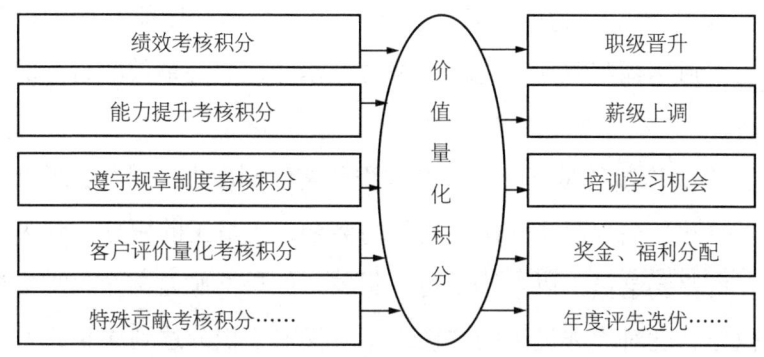

图 3-1　价值量化考核积分制应用

（3）绩效价值量化考核积分制度的优点。实现了全面量化管理，使管理简单化，解决了分配上的大锅饭问题。节约激励成本。将物质、金钱、目标等激励转化为未来的价值分值，激励与创造效益的结果相连，使激励及时、恰当、有效。就不会出现开支、成本失控的情况，能够最大限度节省管理成本。有些时候钱是有限的，价值积分却可以很多。积分不需要花钱买，只需要员工努力做好，将员工对利益的追求转化为对价值积分的追求，在某种程度上淡化了对利益的追求。

积分制管理能够持久地、全方位调动员工的积极性，积分能够全方位量化员工的各种综合表现及能力。以积分结果来衡量人的价值、考核人的综合表现，然后再与各种物资待遇、福利与积分结果挂钩，并向高分人群倾斜，从而达到激励人的主观能动性，充分调动人的积极性。

促进企业文化的形成。企业文化主要在员工的行为习惯上体现,使用积分制管理,员工的良好习惯可以得到培养和鼓励,员工的一切健康行为和良好的习惯都会受到公司积分的奖励。

有助于人才的成长。员工成长提升的通道畅通无阻。

保持员工行为的一致性。绩效积分奖励制度能有效地保证员工在到达福利兑换点之前,努力工作并达成高绩效的行为的一致性。

有效地留住员工。①在绩效积分奖励制度中,对员工的奖励是(弹性)福利而非一次性支付的奖金。在员工的积分达到 X 值后,企业要给员工以奖励,可以想象,如果奖励是奖金,那么这一积分制度对优秀员工的"锁定"就仅限于积分达到 X 值之前,一旦积分达到 X 值,员工获得奖金后,此时员工离开企业将不会有任何额外成本顾虑;但是,以积分换取想要的福利,由于福利依附于劳动关系的存在而存在,只要员工开始享受积分福利,如果员工考虑退出企业必然会带来额外福利损失。②绩效积分奖励制度将员工的福利与员工过去长期以来的绩效挂钩,在员工过去的工作中,绩效越好,累计积分越高,对应的福利数量就越多,层次就越高,而员工一旦离开企业就必须放弃这些福利,绩效越好的员工放弃的福利成本将越大。通常情况下,这些人正是企业想留住的优秀人才。可以这样讲,通过绩效积分奖励制度,员工离开企业的成本将和企业想留住这名员工的欲望成正比。

(4)绩效考核积分制的适用条件。价值量化考核积分制度成立的条件是保质保量,真实无假。避免有量无质,有名无实。考核的质量必须"真"、数量必须准、奖惩制度必须兑现,落到实处。

2. 量化细化薪酬制度

利益推动行为,奖罚必须准确、及时、有效。奖罚见于薪酬。

薪酬(工资)=底薪+奖金-罚款

(1)量化细化底薪。员工的底薪是按天计算的。底薪=日薪×出勤天数,必须明确底薪不是按月计算的。员工旷工(没有出勤),无薪的事假是没有工资,而不是扣员工的工资。员工如果不明确,容易造成员工的不满意。

底薪不宜过高。底薪过高则奖励的空间就小,推动力就不大。

底薪与岗位职责相一致。最好是淡化学历的作用,博士做洗碗的工作就拿洗碗工的底薪。博士如果提高了洗碗的速度和质量,在绩效奖中体现,博士如果发明了新的洗碗机器,在创新奖中体现。

(2)量化细化奖金。奖金=安全奖+质量奖+效益奖+创新奖+节约奖+满勤奖+能力提升奖+客户满意奖+年工奖+身股分红(对上市公司员工是期权股票)+……

安全奖。希望持续安全,奖金持续增加,上有封顶。如某公司安全奖励制度:第一年无事故,每月安全奖200元;第二年无事故,每月安全奖400元……第五年无事故,每日安全奖1000元。到1000元封顶,一旦出了事故,安全奖归零,重新安全积分。所以,员工自己最关心安全。

质量奖。希望持续保证质量,奖金持续增加,上有封顶。如某公司质量奖励制度:第一年保质保量,每月质量奖200元;第二年保质保量,每月质量奖400元……第五年保质保量,每月质

量奖1000元。到1000元封顶,一旦出了事故,没有保质保量,质量奖归零,重新质量积分。所以,质量的事员工自己最关心。

创新奖。按创新成果带来的效益百分比发奖。

能力提升奖。只用绩效结果评价能力。因为能力是抽象的,结果是具体的。抽象的事无法考核,做不到的事就不要做,而绩效结果是具体的、可量化的,所以只用绩效结果评价能力。

客户满意奖。直接服务客户的岗位,按标准和流程对客户进行服务。服务结束后,客户对服务有评价、有签字,每一次服务都有跟踪考核并询问客户还有什么要求。按客户的满意程度对本次服务给予一定的奖励。

年工奖。为了留住员工,在企业工作的时间长,员工的工资就高,一旦离开这企业,到别的企业,还得从头来。

身股分红。是乔志庸的发明,把员工与老板绑在一起,人是自私的,为自己做事,就会更加努力和用心。

(3)量化、细化罚款。惩罚不需要的行为,"惩罚"的关键在于增大"违规成本",才有惩戒作用。人随利益草随风,人不守法罚得轻。某地规定,随地吐痰罚款五元,张三吐痰被抓,接受惩罚,拿出十元,说不用找钱了,张三又往地上吐了一口痰。原因在于罚款太轻,人们才敢践踏制度。

【范例】惩罚使人变好的制度

2014年9月,某国企公司出台一项制度,不允许公车私用,违反一次,对当事人罚款3000元,诚信积分被扣一分。罚班长1000元,因为管理不严。罚队长1000元,因为教化不够。扣发全班当月安全奖1000元,因公车私用存在安全隐患,违反公司的安全规定。2014年10月,公司的某司机用公车送孩子上

第三章　塑造工匠的制度

学，被监控定位准确无误，执行了全部罚款，当事人觉得因为自己违规，连累那么多人，以后无法在这个集体生存，就把另外的3000元也自己承担了。从此以后至今，还没有第二个违反此项规定的人。

点评：这项制度之所以有效，原因有四：第一，犯规成本较大，接一次孩子总计被罚6000元，就是打车也够用几个月，不合算；第二，犯规伤害的面大，牵连了队长、班长和全班同事。只有与员工的切身利益相关时，员工才能参与监督管理，相关度越大，管理得越用心。与利益无关的全员管理，只是一个口号而已，没有作用。有利益才有作用！第三，犯规的影响久远，个人诚信积分是终身制的。一旦犯规，永远记录在案。第四，任何事都要有一个人负主责，其余的人负连带责任。"连坐制"是监管最有效的方法之一，现在农村信贷采用五户连保制，欠贷款不还的现象非常少见，因为实在还不上的，其余四户也帮助想办法还上贷款，同时增加了连保户之间的情感。

奖惩要准确恰当。奖励得当，种瓜得瓜，奖励不当，种瓜得刺。奖对一人，会鼓舞一片，罚对一个，教育一片。反之，奖错一人，冷落一片，罚错一人，寒心一片。

制度通过有过必罚立威，有功必赏取信，商鞅曰："法之不行，自上犯之。"所以古人用"罚上立威，赏小取信"。

3. 多样化激励制度

理论依据：德国经济学家赫尔曼·海因里希·戈森（1810—1858年）的三定律：

第一定律：边际效用（效用的增量）递减定律。

即随着物品占有量的增加,人的欲望或物品的效用递减。通俗地讲,当极度口渴的时候十分需要喝水,喝下的第一杯水是最解燃眉之急、最畅快的,但随着口渴程度降低,对下一杯水的渴望值也不断减少,当喝到完全不渴的时候,边际效用为零,这时候再喝下去甚至会感到不适,再继续喝下去会越来越感到不适(负效用)。刺激过度就是伤害。如图3-3所示(横轴代表刺激物,纵轴代表效果)。

第二定律:边际效用相等定律。

即在物品有限条件下,为使人的欲望得到最大限度的满足,务必将这些物品在各种欲望间作适当分配,使人的各种欲望被满足的程度相等,如图3-2所示。

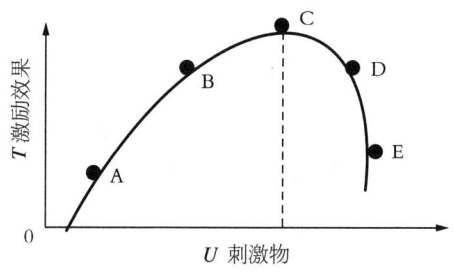

图3-2 激励边际效益曲线

第三定律:在原有欲望已被满足的条件下,要取得更多享乐量,必须发现新享乐或扩充旧享乐。

一个人欲望越强烈时,边际效用越高,反之,其结果亦相反。

激励要因人而异,按需激励,权衡效益,适度变化。激励的时机、频率、程度、方向、方式等一定要多样化,总用一种方法效果就不灵了。

多样化制度设计的原则：

激励时间的适度：把饭送给饥人，把好话送给知人，满足急需，效果最好。

激励程度的适度：再好的东西，多了就不是好东西，"过了"等于错。古人说，食多如毒，补品吃多了等于毒药。

激励频率的适度：长期不刺激没感觉，频繁刺激失去感觉。频繁重复刺激使人感到枯燥、乏味、痛苦。

激励方式的适度：人的欲求千差万别。俗话说："萝卜青菜，各有所爱"。有人更看重精神，比如荣誉、尊重；有人更看重物质，比如奖金、加薪。针对不同的人，应以不同的方法进行激励，投其所好。所以采用菜单式激励，让员工自己选择激励方式。

启示一：理性的人通过比较边际成本与边际收益大小来决策。只有当这项行动的边际利益大于边际成本时，一个理性决策者才会选择实施该项行动。

启示二：这一理论还可用于挫折管理，对于抗挫折能力差的人，多给他几次挫折，就练"皮实"了，面对挫折就有免疫力了。

4. 择优汰劣的人才制度

系统靠新陈代谢来维持生机。择优汰劣（选择贤才，淘汰庸才）是企业存在和进化的必要条件。对不承认企业价值观和能力低下的人一定要淘汰，这样企业才能进化。懒惰是人的本性，淘汰制使人勤奋进取，所以淘汰制也是以人为本。没有淘汰的制度人们很难追求卓越。

 塑造工匠精神

在很多国营企业，人才渠道不畅通，择优汰劣不到位。

四、精神奖励刺激效益增长的原理

原理的表述：精神奖励的增量与创造绩效的增量成正比。

理论依据：人是被物质和精神驱动的。物质奖励是有限的，精神奖励是无限的。人们追求物质到了一定的程度以后，激励的边际效用递减，而人的精神追求可以是无限的，制度设计者要想尽办法使人有不停的、永恒的精神追求。

精神奖励参考项目：星级员工、功勋员工、安全标兵、质量标兵、技术能手、节约标兵、革新大王等。拿破仑说："给我足够的勋章，我可以征服全世界！"

运用好这四原理，可逐步实现管理制度自动化。

制度设计基本原理适用条件：制度设计的基本原理对没有追求、没有欲望的人无用，因为无所欲则无所求，无所求则无所获，无所获则无所用。无所求之人就是无所用之人，"无欲无求"与"天道自强不息"是相悖的。管理提倡有欲有求、合理合法。

【管理故事一】改变检查制度提高了降落伞的质量

第二次世界大战期间，美国空军所用的降落伞是由民营企业生产的，经常在安全性能方面出问题，在厂商的努力下，合格率终于达到了99.9%，不过仍然离军方要求的100%还差那么一点点。当军方要求企业提升品质达到100%时，企业老板们却不以为然，反而辩解说，没必要改进，能够达到这个程度已接近完

第三章 塑造工匠的制度

美,任何产品都不可能达到100%的合格,除非奇迹出现。军方改变检查制度,从每批降落伞中挑出10个,让厂长、检验工人抽签亲自从飞机上跳伞检测。奇迹就此出现,合格率达到了百分之百。故事是否真有姑且不论,但道理确实是对的。

点评:这个故事就是通过制度设计实现了目标同化,从我要质量、我要安全同化为商家主动追求质量和安全。

【管理故事二】目标同化降低了犯人船的死亡率

18世纪末,英国政府决定将囚犯运往澳洲搞开发,将犯人运送工作交由私人船主承包,按装船人数支付费用。当时,那些运送犯人的船上设备简陋,没有什么医疗药品,更没有医生,船主为了牟取暴利,尽可能地多装人,使船上条件十分恶劣。一旦船只离开了岸,船主按人数拿到了政府的钱,对于这些人能否远涉重洋活着到达澳洲就不管不问了。据英国史学家查理·巴特森记载:1790—1792年,运送犯人到澳洲的26艘船共4082名犯人,死亡498人,死亡率为12%,其中一艘"海神号",424个犯人死了158个,死亡率高达37%。

这么高的死亡率,不仅在经济上损失巨大,而且在道义上也引起了社会的强烈谴责。英国政府想了很多办法。每一艘船上都派一名政府官员监督,再派一名医生负责犯人和医疗卫生,同时对犯人在船上的生活标准做了硬性的规定。但是,死亡率不仅没有降下来,有的船上的监督官员和医生竟然也不明不白地死了。原来是一些船主贪图暴利,贿赂官员,如果官员不同流合污就被扔到大海里喂鱼了。政府支出了监督费用,却照常死人。

无奈之下,政府把船主们都召集起来进行"政治学习"和"思想教育",教育他们要珍惜生命,不要把金钱看得比生命还

重要,但是,情况依然没有好转,死亡率一直居高不下。

一位英国议员认为是制度有问题,而制度的缺陷在于政府给予船主报酬是以上船人数来计算的。他提出改变制度,政府以到澳洲上岸的人数为计算报酬,不论你在英国上船装多少人,到了澳洲上岸的时候再清点人数支付报酬。问题迎刃而解。船主主动请医生跟船,在船上准备药品,改善生活,尽可能地让每一个上船的人都健康地到达澳洲。因为一个人就意味着一份利益收入。

1793年1月,有三艘船到达澳洲,这是第一次按照上岸人数来支付运费,422个犯人,只有1个人死于途中!

反思:初始制度的问题在于"目标没同化,利益没绑定"。政府的目标是在澳洲要人,商家的目标是赚钱,政府在英国就把钱付给商家,政府的目标和商家的目标在空间上不同点(目标没同化),政府的利益和商家的利益在时间不同步(利益没绑定),问题的根源就在于此。

对于这些唯利是图的私人船主,政府搞的硬性规定、强力监管和道德说教都不管用,为什么只是稍稍改变了一下付费制度,一切都迎刃而解,魔鬼变成了天使。原因很简单,商家可以漠视犯人的死活,但商家绝不会放弃追逐利益,按到达人数付款,意味着到达人数和商家的利益是同一件事,商家就必然在航行中照顾好犯人,犯人船的死亡率就骤降了。

点评:商人追逐利益是天职,不是商人坏,是制度造成的。正如哈耶克所言,坏的制度会让好人作恶,好的制度能让坏人从良。

第三节 如何设计塑造工匠的制度

一切从标准开始,不明确先进制度标准就不可能设计出好的制度。

一、塑造工匠的制度的标准

1. 制度能管住"坏人"——惩罚不需要的行为

为了保证合作,预防坏人做坏事,必须"假设人人可能是坏人"(自私、争夺、贪婪、狡诈、偷盗、懒惰和放纵)。原因有三点:①制度的第一功能是"惩治邪恶"。哈耶克说:制度设计关键在于假定,从"好人"的假定出发必定设计出坏制度,导出坏结果;从"坏人"的假定出发则能设计出好制度,得到好结果。②人是从野兽变来的,离不开兽性的。人又是社会型动物,离不开社会性的理性向善。所以:

人性=兽性(恶、魔鬼)+理性(善、天使)

有善有恶是人的真情,改恶迁善是人的修炼,从恶昧善是人的恶习。所以制定制度时,假设人人是"坏人"(即人性本恶)、堵住人性下限。商鞅说:"治国之难,不在治善,而在治奸。"③人的理性是有限的,人的理性向善是一种可能性。绝对命令的道德法则并不必然导致人对于道德法则的绝对遵守。人应该是道德的，却并不导致人必然是道德的。人们骨子里的兽性如水向下流，是必然性。

制度建设，假设人性有恶；道德建设，假设人性有善；绩效激励，假设人性有私（有欲望有追求）。

怎么管住"坏人"。使人不能为，做不成坏事。制度不仅保证合作，还要保证相互制约。一是通过流程分解实现相互制约，例如扼制采购腐败，必须将订计划、采购、验收、付款四个环节由不同的人来完成，四个环节的人很难形成腐败攻守同盟。二是上级严格监督审查。使人不敢为，不敢做坏事。制度惩恶的有效性主要看违约成本的高低。强有力的实施机制将使违约成本极高，从而使任何违约行为都变得不划算。违约成本小于违约收益时，某些人便会选择违约。违约成本小于违约收益的制度，在某种程度上是诱导人们犯罪。在计算违约成本时要包括制度执行的全部成本在内。罪与罚能相符，法与治可相期。使人不想做坏事，加强道德教化，只是辅助的手段，最可靠的是制度，必须依靠制度。

2. 制度能促进工匠型人才成长——奖励需要的行为

企业的第一条生产线是培养工匠型人才，制度是塑造人才的模型，人才使企业长盛不衰，有刺激人才自我成长的制度才能使企业长盛不衰。所以，制度才是企业的核心竞争力，制度的先进性在此体现。

目标激励行动。人人有能力提升规划，人人有质量提升的目标，人人有技能攻关的课题。

制度迫使进化。用择优汰劣来刺激进步；用收益的增量与效益的增量成正比刺激能力增长。

创造条件培育工匠能力。设置工匠创新工作室，工匠创新工作室对工匠的创新起协调和促进作用，工匠的创新课题和 QC 改进质量小组，在工匠创新工匠定方案并完成实施；设置网上创新攻关平台，质量提升的课题在网上公布，人人可提出设计方案；改善职工技能培训制度和形式，技能培训以提升能力和解决实际问题为有效。完善并落实师带徒的制度，人人有师傅，保证技能的传承。

3. 制度能刺激经济效益增长

制度如果不能刺激经济增长，说明制度需要调整，通过调整制度体系的结构、要素的功能刺激经济效益增长。

4. 制度是可自动执行的

使制度是可自动执行的必要条件为：①目标同化；②利益绑定；③收益与效益成正比；④精神奖励与效益成正比；⑤无所不在的竞赛制度；⑥无所不在的监督制度。

5. 制度具有针对性

针对已经出现的问题和可能出现的问题设计制度——问题导向。所以要密切联系实际，一切从实际出发，求真务实、注重实效、体现特色，使所定制度符合实际、科学合理、切实可行，做到实在、实用，具有可操作性。问题导向做的是消防队的工作，哪里着火向哪去灭火，所以问题导向创新是被动的创新。

针对理想的标准（目标）设计制度——标准导向。企业对照标准主动求变，力求捷足先登。标准导向与问题导向合一。

针对不同的群体设计不同的管理制度（不同的人用不同的管法）。制度设计是在给定边界条件下求最佳解，要从企业的现实条件出发，量身订做，制定出适合自己的制度。制度没有"最好的"，只有"合适的"。

6. 制度能够适应企业内部和外界环境的变化

制度的相对稳定性和动态性统一。制度建设要具有根本性、全局性、稳定性和长期性，不能朝令夕改，让员工无所适从。当然，制度是否可行，需要经过一段时间验证，可行则不变，不可行的必须要调整。

主动适应环境变化。所有伟大的企业，都善于捕捉环境的变化。没有健全的制度，没有尽善尽美的制度，没有一劳永逸的制度。韩非子说："治民无常，唯法为治。法与时转则治，治与世宜则有功。"

7. 制度具有一致性

制度具有一致性就是制度为王。一切服从制度而不是个人意志；一切权力必须在制度的范围内运作，防止绝对的权力导致绝对的腐败和疯狂。孟德斯鸠说："一切不受约束的权力必然腐败"。一切人违法必究；一切人违法必受严惩。没有必须执行的制度就没有执行力，没有必须负责的制度就没有责任心！

制度是组织的普遍的行为规范。制度中没有规范的行为，就不可能成为普遍的行为。比如：企业提倡"追求卓越"，如果没有择优汰劣制度，"追求卓越"就等于喊口号，装门面；企业要求人人管安全，如果没有人人必须管安全的制度，那么人人管安全就是一句空话；反对造假，如果没有扑灭造假的法律和道德教化的力度，假冒伪劣就会泛滥。

实现制度一致性的措施是"公开、公正、公平"。

公开——信息公开是公平公正的前提。让人人明确制度的条文、规范的标准、执行的结果。阳光是最好的防腐剂。让制度置于光天化日之下，置于群众监督之下运行。

公正——利益平衡，人们才会认同制度，"公正"才能以规范"正"民、以规范"化"民。小的不公正使民生怨，大的不公正导致系统动乱。

公平——执行公平。在机制下人人平等、一视同仁，不搞特殊。管理有情，制度无情，执行寡情。利益公平，权责利对等。驱使个人从事合乎组织需要的活动，使组织收益率和私人收益率近乎相等。个人之间的利益分配公平。公平不是按人头求平均，而是按劳动效益量求平均，这叫按劳分配。在组织之内，除非人们相信他们会得到公平的对待，否则不会尽力而为。如果当事人不相信制度公平，规范合理，就有可能放弃合作，直接导致系统秩序混乱。

8. 制度具有合理性

合理性强调四点：①不违反客观规律；②不违反国家法律；③体现利益分配均衡；④要素齐全、结构完整、激发奋进。

9. 正式制度与非正式制度（道德建设）建设相平衡

制度与道德没有明确的分界线，制度维护道德，道德支撑制度。人们道德的层次越高，管理的成本就越低；人们的道德层次越低，管理的成本就越高。

塑造工匠精神

制度控制越松，犯规的成本就越低，道德层次就下滑。制度控制越严，犯规成本越高，道德层次就上升。道德越低管理成本越高，良知越少灾祸越多。

道德需要制度保障。如果没有法律制度的正义规范，人的道德行为只能是一种奢望，不可能成为普遍的行为。制度虽然能够促进道德建设，但制度不是道德的基础，伟大的精神信仰才是道德建设的根据。

制度需要道德教化支撑。在道德信仰失去约束力时，很多人是明知故犯、引发道德危机。明知故犯往往不是因为缺少制度规范和道德规范，而是缺少道德信念和道德信仰的权威性，是道德"权威性的约束力"的下降导致明知故犯。

在制度管不到的地方，还需要讲道德自律。尽管自律不可靠，在强大的教化作用下，人的自律还是可能的，通过道德教化可以降低制度的管理成本。所以，道德教化不可少，制度建在人的心上才有效！

道德教化使人信仰制度。制度只有被信仰才能更有效。建设强大组织，只有两种手段，一是用强大制度约束行为，二是以强大的道德教化建立信仰。虽然制度约束和道德教化不能解决一切问题，但却是必要的手段。

结论：德法合一。有德无法，德不行。有法无德，法不立。

10. 宽容具有工匠精神的人

宽容工匠的固执。工匠精神的执着常常被认为是固执，应该给予宽容。

宽容工匠的失败。创新型的工匠，在创新的路上失败是常事，创新的路上充满了坎坷，应该给予宽容和支持。

宽容天才工匠的成果。天才工匠的创新成果有时是很超前的，可能专家也不懂，或者根本没人懂，如亚诺什的非欧几何，欧洲数学之王高斯读不懂；伽罗华的群论，他死后30年才有人读懂；这样的例子有很多很多，在不懂时应该存疑，而不是扼杀它。

二、设计塑造工匠制度的基本流程

第一步，确定制度要实现的目标，制度要达到的效果。

第二步，制订工作计划，第一步做什么，第二步做什么……

第三步，由哪个部门管，哪些人参加，需要哪些信息资源等。

第四步，执行，依据制度的标准设计执行制度。

提出草案。由有关部门和人员根据管理工作的需要，提出制度制定要求。经上级有关部门和人员同意后，进行充分的调查研究，提出制度草案。

讨论和审查。制度草案提出后，要广泛征求相关各方的看法和意见，集思广益，充分讨论。

做破坏性实验。请外部人做破坏制度的演练。反复检验制度的有效性，同时收集并整理信息。

弥补疏漏，修正不切合实际之处，调整与其他制度矛盾、重复之处，使制度草案进一步完善。最后将修改后的制度草案报请上级管理部门审批。

塑造工匠精神

第五步，试行，监督评价。制度草案经上级管理部门审批后，可以试行。试行的目的是在实践中进一步检验和完善，使之成熟化、合理化。对于新制定的制度规范，试行是必不可少的一个阶段。

第六步，制度经过一段时间试行，根据反馈信息，进行调整和完善。

第七步，正式执行。在执行过程中也有小的调整，制度是在执行的过程中不断完善的。最终，形成正式的、具有法律效果的制度文本，按照确定的范围和时间正式执行。与此同时，要向相关方面说明情况，报送上级管理机关备案。

好的制度像一部自动的机器，无论谁当领导，只要按制度执行就行了。

第四节 制度改善案例

一、改善制造内耗的评先选优制度

【案例】某公司评选先进的标准和办法,制造混乱。

评选标准:能严格遵守公司各项规章制度,无重大违纪事件,工作态度积极,团队意识协作和能力强;在年度工作中,工作能力较强,工作方法有较大改善或创新,工作成绩表现突出。

评选办法:层层无记名投票,最后由评委组在经核准的候选人范围内进行无记名投票,根据得票多少确定一、二、三等奖。

1. 出现的问题

一是导致拉票;二是评委不一定公正(每个人都是有偏心的);三是真正干得好的人,往往遭人嫉妒,不一定得票多;四是一旦真正干得好的人当不上先进,以后没人努力干,都在拉关系上下功夫了;五是每个人究竟取得了哪些成绩,其他人并不十分清楚,只有具体考核的人才清楚;六是相互评价,相互打架,员工们互相猜忌,你没给我投票,他没给我投票,造成员工们心里不合、精神内耗、朋友疏远。

2. 问题分析

（1）评选标准模糊，积极、强、较强、较好、突出等都是模糊的概念。

（2）这种评选方法不能把真正先进工作者评出来，往往是"老好人""庸人"得分最高。

3. 改善方案

独立评价，独立执法。人力资源部门实施系统化、量化绩效管理。细化考核，量化考核，一人一考核，各算各的账。干先进，算先进。绩效考核谁得的分多，谁就是先进，简单化。

员工就是追求心理平衡。细化到位，量化到位，考核到位，按规则奖惩，员工自然就不闹事了。先进是干出来的而不是投票选出来的。

二、改善驱动造假的制度

【案例】某些企业、事业单位人人评职称、按职称领基本工资的制度。主要得分项有五项，一是学历得分；二是工龄得分；三是发表论文得分，以发表论文的期刊代表论文的等级水平打分；四是科研成果得分，以外部评奖机构的证书等级代表科研成果水平打分；五是获得荣誉得分，以发证书单位级别为准。

1. 出现的问题

学历造假，论文著作造假，科研造假，假荣誉证书造假。

2. 问题的危害

伤害企事业单位自身。不但没有提升员工的工作能力,反而培养了人们的造假能力!

坑害员工。一是员工们买假文凭、假论文、假证书等一般要花费五千元以上,有经济损失;二是员工们把聪明的智慧和精力用于造假,浪费生命;三是丧失了人格,使人没了骨气,那些有水分没水平的假博士、假专家、假教授,也不敢在人前挺直腰杆说话。

催生了一大批为造假服务的人群和行业。

3. 问题分析

利益驱动了造假。哪里有利益驱动,哪里就会出现持续造假的人民战争!造假被发现后所付出的代价低,使个别人铤而走险。

权力交给毫不相干的人导致造假。用期刊杂志的级别代表论文的水平、用外界的评奖机构的虚假荣誉代表论文科研成果的效果是不切实际的,这相当于把评价员工的水平交给了与本单位毫不相干的人,这是乱授权,说明本单位没能力考查员工的水平!

领导造假,谁敢打假。人人造假,造假成文化。学术造假不是屡禁不止,是没有禁,所以不止。

学术管理制度不完善。科研流程考核不到位,鉴定机构失职;没有对鉴定机构的约束机制,为了商业利益,随意评价,随意评奖。

鼓励机制设计缺陷,导致重视数量而忽视质量。

缺乏道德教育。社会道德沦落,诚信缺失。

4. 解决方案

广泛监督。直接领导监督，有力度。监督不到位，有连带责任。领导不造假，领导打假，下属谁敢造假；同事监督，知道内幕；同行监督，有深度，同行的专家最明白真假；建立举报人奖励和保护机制。

从严打假。一旦造假，一要从重惩罚，二要淘汰出局。加大对造假者惩罚，使造假成本远远高于收益，就会减少造假大军的数量。

健全学术评价机制。立项、审批、经费、过程考核、成果鉴定，层层考核，层层承担责任，就不会出现"汉芯造假案"；同行匿名评审；科研成果以应用效果进行评奖，不能用预期成果评奖。现在很多科研项目用描述性展望的效果来评价，所以没有实用价值的、假的科研成果就很多。诺贝尔奖为什么没有假的，就是因为评奖机构以实效为依据。

淡化职称对工资的权重。职称只代表过去的能力！工资动态管理，取消职称工资终身制，工资与岗位相符。在什么岗位拿什么工资，原来是教授，后来当收发员，拿的就是收发员的工资。

取消职称本位的制度。工资奖金用业绩说话，一切用业绩说话。

开展论文、科研成果大赛。定出详细的评价标准，独立评审机构，公开评价结果，允许在内部网上评价和质疑。

评职晋级只用绩效决定。其他贡献用单项奖励平衡。

加强正向教化。培养出合格的公民，才能选出合格的领导，制定先进的制度，正确地执行制度。有高质量的人，才能有高质量的科研成果。让质量胜过数量，用效益证明结果。

三、改善官本位制度

改善官本位文化。"官本位"文化是以官为本、以官为贵、以官为尊为主要内容的价值观。其核心是官等于法、官大于法,导致制度缺少一致性。管理是依法行事,应该是以法为本,以守法为贵,以法为尊。官合法时服从官,官不合法时服从法律。以法律为本,以技能为贵,工匠就自然产生了。

改官本位工资制度,淡化职务与工资的关系,让技术好的员工留在一线。技术好的员工为什么盼提升,因为提升职位才能提升工资,但技术好的员工不一定懂管理,技术好的员工得到了提升时,一线就缺少技术高手;技术好的员工得不到提升时,工资涨不上去,员工心里抱怨,工作消极,不再努力钻研技术。

有职务没效益,就不应该拿高工资,身居高职而不带领员工创造效益,就是对员工犯罪。以质量和效益做获得薪酬的标准,工匠自然留在一线了。

四、改善劳动竞赛的制度

劳动竞赛是在劳动中引入择优而奖、汰劣不罚的竞赛机制、为了充分发挥劳动者的主动性、积极性和首创精神所开展的、以普遍提高劳动生产率为目的的群众性竞赛活动。

劳动竞赛机制是一个"赛马不相马"、没有最好只有更好的竞赛机制。

让劳动竞赛无所不在。因为世界是一个开放式的择优汰劣

塑造工匠精神

竞赛场！人生无处不竞赛！企业必须无处不竞赛！所以劳动竞赛应以开放式劳动竞赛为主。全员参赛，人人参赛，不准当看客；全科比赛，赛质量、赛效益、赛安全、赛技能、赛节约、赛创新等，制度中规定的责任内容都在竞赛中；个人参赛与团队参赛相结合；量化考核积分，既有各项量化考核积分，又有个人积分和团体总积分；一切利益分配以量化考核积分为准。

让劳动竞赛无时不在。行业封闭式的劳动竞赛不是不搞，应该增加形式，选派高手参加竞赛；同专业同级别的员工抽签比赛，促使每个人必须随时准备上场比赛；同专业的团队抽签参赛，促使每个团队随时准备上场比赛。

网上创新比赛。将质量创新和技术创新的在网公布，人人参与创新，优胜者给予奖励。

全员、全方位、全过程、立体化、开放式地开展质量、技术、安全、创新等劳动竞赛、是促进工匠的产生和提升工匠的能力的有效方法。

本章小结：

制度是塑造工匠的模具，没有塑造工匠的制度，就不可能出现大量的工匠。没有大量的工匠，就不能实现精品化和可持续的发展。本章的重点主要有：制度的四个要素；制度设计的四个原理，在制度中要体现"目标同化、利益绑定、收益随绩效变化、精神鼓励随绩效增加"，让制度成为一部自动化的机器。

塑造工匠只有两种手段，一个是用制度来规范，二是用利用文治教化，建立支撑正式制度的非正式制度，即先进的企业文化。

第四章
塑造工匠的基本技能

工匠的基本技能是指工匠必备的通用技能，主要包括：标准化、流程化、数量化、协同化、精细化、严格化、实证化、系统化、精品化。本章重点讲流程化解决问题的方法。

一切技能都是对流程的熟练掌握！流程是将工匠精神变成现实的工具。解决一切问题的方法就是编制程序，深刻见于本质，精通见于流程！现代工匠系统化、流程化解决问题的技术就是寻求一种统一的流程解决一切问题，融会贯通。

第一节 工匠的思维流程

万事起于思,思法决定做法,做法决定结果,结果决定人生。所以首先给出思维的流程;工匠的思维流程就是解决问题的流程,如图4-1所示。

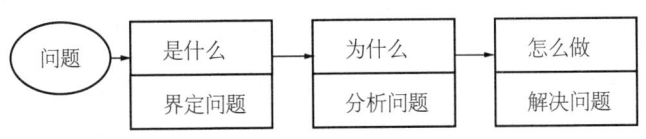

图4-1 思维的逻辑流程

1. 是什么(或是做什么)

是什么——定义问题,切中现实,划定边界。确定目标问题,明确概念。

解决问题时,先要明确问题,问题等于现状标准的差距,即,问题=标准-现状,所以,在界定问题时,一要明确标准,明确标准的级别和档次,如国家级标准、世界级标准、进化的终极标准等;二要明确现状,内部的能力和资源的现状,外部的环境现状等,然后确定目标问题。

2. 为什么

为什么——追问原因，考问标准。分析需求，寻找动因，说清目标，明确动力。为什么而做，就是要得到哪些好处，要得到什么利和益。为谁而做，其标准是什么。通过物质需求分析，列出所有看得见的因素。通过精神需求分析，思考看不见的因素。

3. 怎么做

怎么做——追问流程，选择方案。我们做一切事情都按这个流程进行思考，见表4-1。

表4-1 是什么、为什么、怎么做的应用

事情/流程	事前准备	是什么——定义问题	为什么——揭示利益目的	怎么做——流程、规则、方法和注意事项
布置工作	充分准备	内容——做什么	目标——动力，实现目标的好处	流程、规则和方法
工作总结	搜集资料	做了什么	结果——成绩，做成了什么	怎么做成的——谈经验和教训
科学研究	探寻问题	发现问题——定义问题	分析问题——找根源	解决问题——给出方案和结论
撰写论文	现状调研	发现问题——定义问题	分析问题——找根源，论点、论据	解决问题——方案和结论

【范例】说服术的应用流程

说服术是塑造工匠精神的必备工具，领导要说服员工接受并信仰工匠精神，员工要说服自己信仰并践行工匠精神，工匠要说服客户接受自己的创新产品等。

塑造工匠精神

第一步,说是什么,说诱因、动因——出了什么问题。

第二步,说为什么,问题的根源是什么。

第三步,说怎么做,说出解决问题的方法。

第四步,再说为什么,不是对第二步的简单重复,把好处说透,坏处说够。借用名人的嘴说(利用名人的信誉,增加可信度,信用是第一资本,没有信用则没有交易),用事实证明。

第五步,再说怎么做,不是对第三步的简单重复,利用名人号召怎么做,劝说怎么做,演示怎么做,带动怎么做。

说服的五大秘诀:①逻辑足够清晰,使人们相信逻辑真理;②证据足够充分,使人们相信事实真理;③情感足够真切,利用名人和亲人打情感牌,达到情真意切;④利益(动因)足够诱人,使诱惑力和恐惧力足够大;⑤不断地重复,就是不断地灌输,不断变换方法灌输,不断变换形式灌输。在本书中我们从价值观的层面说清工匠精神的道理;从制度的层面说清工匠精神的规范;从能力的层面说清工匠应该具备的基本技能;从文化的角度谈如何使工匠精神成为工匠文化,至少重复了四遍。

用说服术写塑造工匠精神要解决"五难":①喜欢看难;②看得懂难;③信得过难;④记得住难;⑤做得到难。我们用有理、有据、有序、有用、有趣、生动形象的表达,实现喜欢看;用简单通俗的语言、图文并茂的阐述,多角度的解释,实现看得懂,看不懂文字可以看图,看不懂图可以背口诀;用符合客观规律的终极标准做理论和方法的依据,增加可信度;用方法流程化、概念口诀化、知识系统化实现简单化,希望记得住;用紧贴工作、不离生活的例子和详细的步骤,指导用得上,实现用得好,使读者得法于书内,得益于书外。

第二节 管理的导向流程

从管理学的角度看,我们所做的一切事都是管理的实践,管理的导向流程一是能保证做事的方向正确,二是能保证程序合理,所以,掌握管理的导向流程是工匠的必备工具,也是每个人的必备工具。

一、管理导向流程的推导

这里我们用类比法推出管理的导向流程,即管理的一贯之道,通过推导这个流程掌握这个流程和这种类比的方法。

1. 选择类比对象

我们将"天"(太阳系)的管理之道与人类的管理之道进行类比,选择太阳系作为类比对象的理论依据是系统论,万物皆成系统,系统是相似的,道理是相通的。因为人类是地球的子系统,地球是太阳的子系统。所以有:

天人同构。太阳系以自己的形态复制万物(万物的原子都是行星模型)。

天人同律。太阳系以自己的律法管理万物,万物都受客观规律约束。特斯拉说:"哪怕是最微小的有机体,也能够显示出整个宇宙的根本法则。"

天人同理。人道合于天道,人间律法以合于天地之道为最佳。

自然是规律的本源,自然是人类的真正导师。人类的一切知识都是从自然界学来的。古人云:"与天地相似,故不违。"

2. 分析太阳系(天)的管理之道

太阳系有核心,核心是太阳,有且只有一个核心。

太阳系有规则,行星遵守万有引力定律等客观规律。

太阳系有运动,行星自动自发地运行。

太阳系有结果,太阳与地球相互作用,化生万物,是太阳与地球合作的结果。按顺序画出来,如图4-2所示。

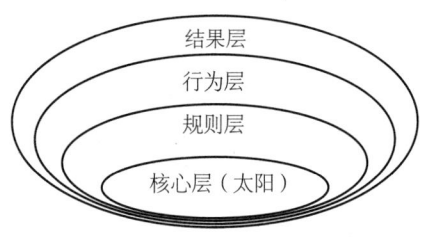

图4-2 太阳系的管理之道

3. 分析推理管理之道

1)分析人类管理系统的核心

核心唯一——核心大统一。人类组织系统的结构是对太阳系结构的模仿。太阳系只有一个核心,所以人类的组织系统只能有一个核心,有且只有一个核心是存在的条件。

客观规律是万物的唯一的虚核心。客观规律创造万物并主宰万物,是万物的唯一的核心!因为客观规律没有实体,所以称虚核心。

核心具有二元合一结构。依据系统论，人类系统的核心由实核心与虚核心两部分构成，即核心＝虚核心＋现实领导核心，实核心与虚核心统一。

人类管理系统的实核心由正职与副职构成。正职是系统的最高的领导人，副职辅佐正职领导团队。

人的核心是利益。马克思说："人们奋斗所争取的一切都同他们的利益有关。""思想一旦离开利益，就一定会使自己出丑。"恩格斯说："每一既定的经济关系首先表现为利益。"所以，利益统治世界，价值决定一切！世间的一切矛盾（竞争、斗争、战争）都是因为利益冲突或利益的观点不同所引起的。

人要生存、发展、壮大、享受和长久，必须从外界吸收利益（物质的和精神的）。所以，社会是利益的社会，企业是利益的企业，人是利益的人。人的一切行为都围绕利益转，人们用价值判断利益的大小、依靠价值观念和思维方法选择利益目标。离开"利益"就是偏离了核心，偏离核心就是不干正事。因此有：

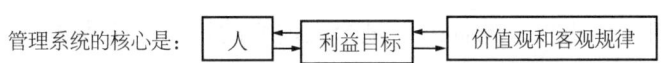

这就是说人的核心由两部分组成，一部分是精神层面的价值观和客观规律，另一部分是功利层面的利益目标。

2）分析人类管理系统的规则

万物都受客观规律约束，人要获取利益，还要受到国家法律、企业制度和道德规范的约束。

3）分析人类管理系统的行动——效法天地，行为与天地相合

天行刚健，人需自强。人的行为必须是自动的！

4）分析人类管理系统的结果

管理就是管利益，以结果论成败，以效益论英雄。没有绩效就是开玩笑！

人要靠自己的行为能力获取利益，创造财富。

将图4-2转变为图4-3。

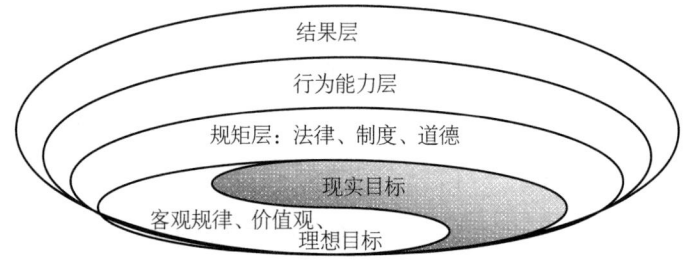

图4-3 人类组织系统管理的一贯之道

核心层：价值观、客观规律、理想目标和现实目标是思考的总原则，也叫思考的标准，是个人内心的操守，称为人格。

规矩层：法律、制度和道德规范是做事的总规矩，是对纪律的遵守，是否遵守纪律需要他人来评价，所以叫人品。

行为能力层：行为能力包括智力能力和操作能力，也叫执行能力，个人的执行能力与个人的岗位职责相对应，岗位职责是行为能力的总标准。

结果层：行为结果与初始的目标相对应，目标是考核结果的总标准。

人格加人品（遵守纪律）体现做人，目的性与规范性统一；

能力加履行责任的效果体现做事，效果是能力体现，能力与效果统一。做人与做事统一，做事体现做人，做人必须做事！于是我们可以将图 4-3 转变成图 4-4。

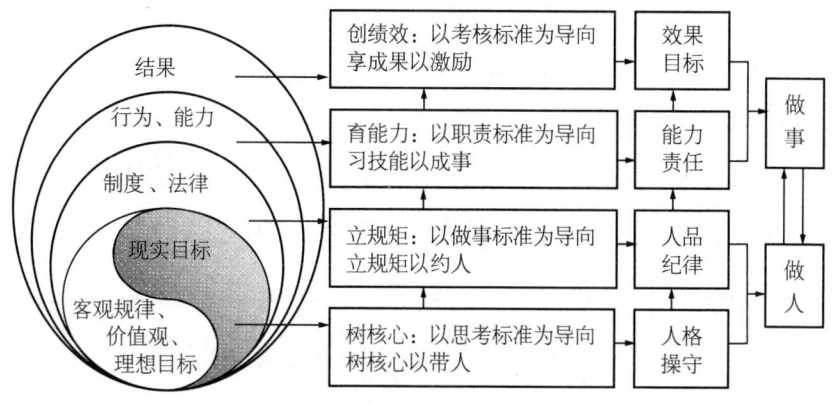

图 4-4　管理的一贯之道

管理的一贯之道口诀：树核心，立规矩，育能力，创绩效。

树核心，以思考标准为导向；立规矩，以做事标准为导向。

育能力，以职责标准为导向；创绩效，以考核标准为导向。

所以，塑造工匠的流程＝管理的流程＝管理的一贯之道＝管理的导向流程。

树核心以带人，立规矩以约人，习技能以成事，享成果以激励。

用价值凝聚人心，用制度驾驭人性，用能力创造精品，用绩效成就人生。

核心正而教化行，规则明而法不败。行自动而人自强，效果丰而行不空。

管理的一贯之道表明：

人是管理之本。人本管理使企业能够存在，制度管理使企

塑造工匠精神

业能够规范，能力管理使企业发展壮大，绩效管理使企业经久不衰。

塑造工匠的过程就是管理的过程，管理的过程就是造心的过程。要改变结果，先改变行为；要改变行为，先改变习惯；要改变习惯，先改变心态（思维方法和价值观）；心不通则令不通，令不通则行不通。

完善制度先要完善人心，用完善的心去完善制度、完善工作、完善人生！所以管理从造心开始！塑造工匠精神就是造"心"！

二、塑造优秀的领导核心

1. 核心的定义

核心是系统中的、代表系统本质的、处于主导地位的、控制整个系统的、能量最强大的关键要素。

2. 核心的特点

核心代表系统的存在。系统的核心消失了，原来的系统就不存在了。一个系统的某个要素一旦脱离了核心，就不再是该系统的要素，失去功能。如人的手，一旦脱离了身体，就不再是手，因为已经没有手的功能了。要素不能脱离整体，个人不能脱离组织，这就是要有"大局意识"。

核心代表系统的性质。不同的物质系统有不同的核心，不同的原子核心构成不同的物质。系统的核心换了，系统的性质就变了,如植物的嫁接技术就是换核心。

核心是公心。如太阳对围绕太阳转的八大星球没有偏爱,阳光普照。

核心控制整个系统的秩序。公共秩序大统一,八大行星围绕太阳转,公转的方向是一致的,这叫公共核心专制。八大行星的自旋转方式是不同的,由行星自身的性质决定,自转自管。人类的组织系统也是如此,公共秩序强调统一性(专制)、强迫性、必须遵守,自主区域可以多样性(由自己做主)。

没有公共核心统一控制的系统处于混沌状态,杂乱而没有统一的秩序。

核心是系统中能量最强大的关键要素。强大是控制整体的必要条件,如太阳是太阳系的核心,太阳的质量占太阳系全部质量的99.9%,原子核里集中了99.96%以上原子的质量。没有强大的核心就没有强大的系统。核心必须强大,否则控制不了系统的要素。

核心强调唯一性。每个系统必须有且只能有一个主核心,多核心等于没核心。

核心是发动机,在强大的精英核心缺席的条件下,群体往往只是乌合之众、一盘散沙,缺少战斗力。

3. 优秀领导核心的结构

系统的核心是二元合一的结构。

$$系统的核心 = 虚核心 + 实核心$$

每个组织系统必须有核心!每个系统只能有一个核心!

虚核心=信仰虚拟的精神领袖(信仰符合客观规律集合的最完美的人格神)+信仰的核心价值观(终极价值目标+理性化思

维方法)。

万物都要服从客观规律,以符合客观规律为终极的行为标准,所以我们将终极标准的集合定义为最理想的最完美的人格神。终极标准决定了终极价值目标和理性化思维方法。

虚核心就是根植于人们心中的、必须遵守的做人的终极标准、时刻追求的终极目标、一切选择的根据。

虚核心是企业(人)的灵魂!精神的动力,我国大多数企业、很多人没有虚核心——"缺心少魂"。缺少"虚核心"则没有永恒的精神动力、没有终极目标的引导、没有恒定的选择标准。

解决灵魂的问题需要建立信仰,这是一切管理、一切教育最根本的问题!这是一项伟大的、艰巨的、长期的任务!根源就在于灵魂残疾!

实核心＝现实领导核心＋企业制度系统(现实目标系统)

现实领导核心＝正职＋副职

现实中的组织系统领导核心是团队的核心,生命的取向要高,没有公心不掌公器;生命的规则要守,以上率下,帅行以正何敢不正;生命的能量要强,核心强大队伍强大;生命的奉献要多,德天下者用天下。企业的领导核心如果不能给企业带来利益的领导还占着位置是对员工的最大犯罪。

核心正职能力＝个人管理能力＋管理利用外部资源能力。对于核心正职而言,决策能力和利用外部资源的能力更重要!

副核心就是最高领导的副职。最小的系统(如家庭)设一个副职,大系统可能有两个以上的副职。副职处在辅助最高领导并调节最高领导与下层的关系。

第四章 塑造工匠的基本技能

副职非常重要！在企业里处于第二位（主辅），起着推行政令稳定后方的作用。副职如果破坏制度，不执行政令，正职又制裁不了副职，这条制度必然废止。

系统的核心结构＝信仰的精神领袖＋信仰符合客观规律的核心价值观＋现实的领导核心＋制度系统

所以企业（组织）系统的核心竞争力由这四部分构成，核心的基本标准是：精神领袖强大而完美；核心价值观正确，符合客观规律；领导核心精明强干；制度系统规范而有效，一切按制度的规范执行。

4. 组织系统如何维护系统的领导核心

树立核心意识。摆正位置，做好配角。主动配合，营造一个和谐团队；当好参谋，开拓一个崭新局面；当好配角，成就一项光辉事业；当好助手，化解矛盾，凝聚合力。演好配角，唱好协奏曲。做到主动工作不越位，全力辅佐不离位，真心服从不偏位，勤奋周密不空位。

树立看齐意识。主动工作不越位。向制度看齐，严守制度规矩；向榜样看齐，"坚定信念，勤政务实，清正廉洁，敢于担当，为民服务。"揽事不揽权，揽过不揽功，不抢"镜头"，不出"风头"，真正做到工作到位而不越位。

树立政治意识。全力辅佐不离位。坚定信仰、立场和意志。当好参谋，当好助手，积极地帮助正职进行科学决策。领导交办的工作不上推、不下卸，勇于承担而不擅自作主。以诚相待，鼎力相助，全面配合。配合到位，辅佐到位。

树立大局意识。真心服从不偏位。古人云："不谋全局者，

不足以谋一域；不谋万世者，不足以谋一时。"这就告诉我们必须树立整体观念和全局思想，服从大局，服从整体，遵守制度。求同存异，唱好群英会。必须服从和服务于共同目标。不能配而不合，不能各拿各的号，各吹各的调。不能另搞一套，每个成员都有分工，但分工不分家。要做到权力不争，责任不推，困难不惧，有过不诿，化解矛盾，形成患难相处、同舟共济的氛围。哪怕工作碰壁，也要主动协调；即使工作失误，也要风雨同舟。

树立责任意识。勤奋周密不空位。不空位，首先是自己的工作不出差错，不出现空位。其次是要善于拾遗补缺，巧于补台断后。要关心全局的工作，积极主动地给正职当好参谋和助手。

5. 择优汰劣保持组织优秀领导核心良性循环

优秀的组织不仅需要优秀领导核心，重要是保持优秀领导核心的一贯性。设计一套管理和培养优秀领导继承人的制度和规划，使每一届领导都是优秀的领导！永久保持组织的优秀领导核心良性循环，不断引领并刺激组织进化。

用制度规定：层层选择接班人，层层培养接班人，不断地择优、汰劣，保持接班人精英化，保持系统精英化。

选择人的原则：能力与承担的责任相符，优点可用，缺点可控。

三、管理流程的应用

我们给出的管理流程，即管理的一贯之道，给出的是管理的导向流程，不是具体的方法，所以具有广泛的适用性。它能保证管理的方向正确、程序合理。

【范例一】制定管理制度的一贯之道

目标价值让人主动选择，引导行为，目标同化，我要做。

利益规则让人必然选择，规范行为，利益绑定，我必做。

流程明确让人能够选择，固化行为，责能相符，我善于做。

期望结果让人自动选择，激励行为，利益驱动，我自动做！

【范例二】做人的一贯之道

树立正确的价值观、遵守客观规律、确立理想目标属于修人品，遵守法律制度和道德规范叫守规矩，修人品加守规矩是做人。靠行为能力履行职责，结果是达成目标。履行职责和达成目标体现的是做事，做人与做事合一，做人必须做事，做事体现做人。做人的一贯之道是：修人格，守规矩，履职责，达目标。如图 4-5 所示。

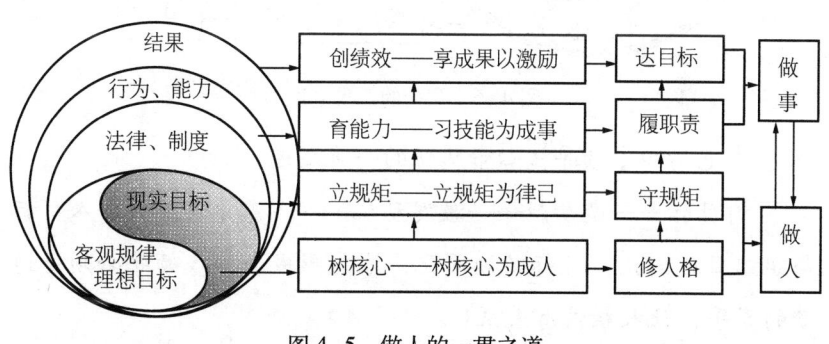

图 4-5　做人的一贯之道

【范例三】系统和谐（合作）的一贯之道，"四共原则"

目标共同。价值共识，对核心的共同的利益观点要达成一致。利益目标同化，志同才能道合。价值观不同、利益目标不同不能上一条船。共识一旦没有了,合作就无从谈起,约束合作的制度就很难落实。

规则共守。规则必须共同遵守,谁也不能破坏,谁也不能例外。

责任共担,责任源于利益,要享受利益必须先承担责任。

利益共享。组织系统中的人是为了共同的利益目标走到一起的,没有分享就没有合作!一切合作的目的都是为了分享利益!人们不拒绝合作,只怕没有利益分享。人们也愿意承担责任,只怕得不到公正的利益待遇。文子曰:"同利者相死,同情者相成,同行者相助。"和谐的一贯之道如图4-6所示。

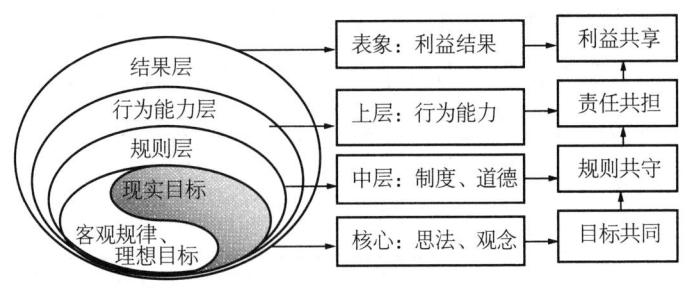

图4-6 和谐的一贯之道

【范例四】领导核心带队伍的一贯之道

树目标——造梦想——激发动机——不愿使其愿,个人目标与组织目标同化,目标必须同化,才能形成合力。领导必须是造梦的高手,让人相信有未来!

立规矩——造模具——传递知识——不会使其会。规矩要简单明了,反复强化,形成习惯。毛泽东给革命军人立的规矩是"三大纪律,八项注意"。编成歌,谱成曲,反复唱,养成习惯。

立规矩强调"利益绑定",人是被利益驱动的,所以制度必须与利益相关。毛泽东用"打土豪,分田地",完成革命,原因在于"利益绑定。"

育能力——造人才——扩展能力——不能使其能,使能力与责任匹配。领导带队伍,第一功能是当教练,上级教练下一级,班长教练员工。育能力主要是教练流程的应用,因为一切技能都是对流程的熟练掌握。

可以制定一种制度,任何一级的领导,只有培养出合格的接班人,才有可能晋升。要象生物一样,以裂变的方式复制自己,组织才能发展的快。

对于能力提升,组织培养是重要的,个人努力是必要的、主要的!个人不努力一切都白费!朽木不可雕,无志不可教。无志者不可与之言事,无求者不可与之言功。

创绩效——造利益——促进行动——不为使其为。创绩效——把梦想的利益目标变成现实。

顺序不能变,要素不能缺。有的企业培养员工,直接从培训技术能力开始,没有解决问题的目标,没有培训的规矩,还期望取得好的效果,这只能是妄想。

领导用制度管人,用流程管事。用制度管人重在赏罚合理,用流程管事重协调到位。没有制度人乱行,没有流程事乱做。如图 4-7 所示。

【范例五】绩效考核的一贯之道

绩效考核,一考核过程,二考核结果,考核过程就是考核遵守纪律和流程。

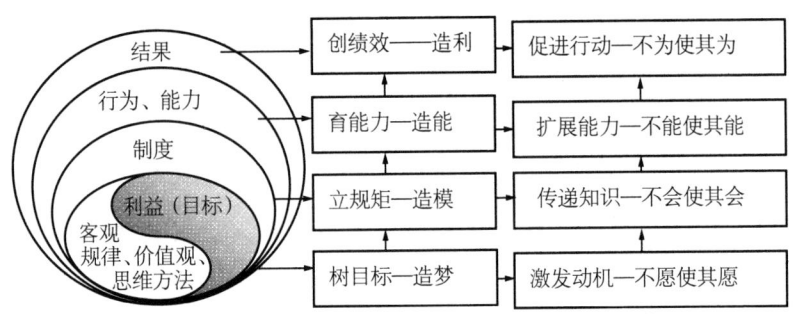

图 4-7　现代领导带队伍的一贯之道

用遵守纪律评价人的品格。流程顺序变了，要素缺了，恶就产生了！绩效管理的初始阶段，对员工品格要求——希望成为什么人进行规范；对纪律要求——可能违反什么纪律进行规范。品格是抽象的，很难考核；纪律是具体的，容易考核。所以通过考核对纪律、规则遵守程度来评价人的品格。古人说："德以道立，守道即有德。"

用绩效结果评价能力。绩效管理还要对员工需要承担什么责任（做什么），需要什么能力，要达到什么样的结果（在开始时叫目标），进行规范。而"能力是抽象的，结果是具体的"。所以只用绩效结果评价能力。古人说："道以德（得）显，有德（得）即有道。"没效果等于没能力。

在考核阶段，对照规范考核人格，对照结果考核能力。达到了通过，没达到的，查找原因，进行改善。

绩效考核只做两件事，在过程中考核遵守纪律，按规范做事；在结果中考核能力，以达成目标为准。要简单化，工作态度、勤奋工作、积极努力等可以感知而不好量化的，就不要去考核。绩效管理考核的一贯之道如图 4-8 所示。

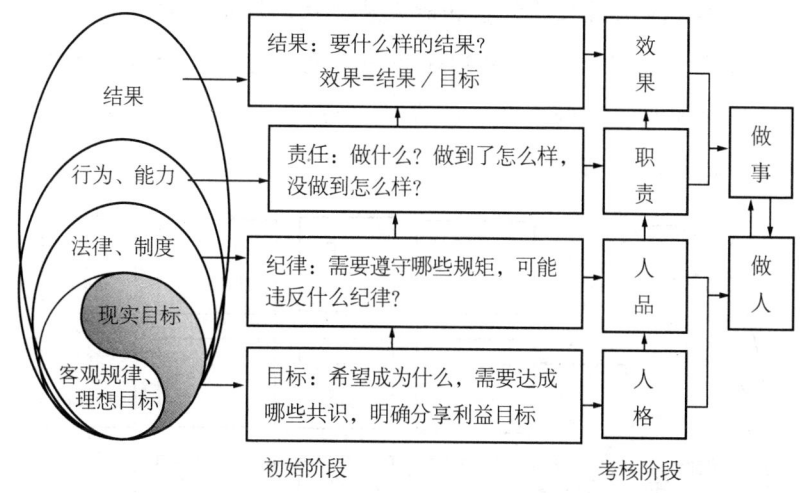

图 4-8　员工绩效管理考核的一贯之道

【提示】我们要注意管理的一贯之道在侧重点不同的情况下表述的变化。

例如，树核心——核心层包括核心领导、核心思想、核心目标和客观标准等，核心思想、核心目标、客观规律被称为系统的"灵魂"。

强调核心的作用时说，一切从心开始；强调目标的重要性时说，一切从目标开始；强调领导的作用时说一切从领导开始；强调标准的客观性时说，一切从标准开始。这些表述，万变不离"核心，"。

方向正确不能保证结果正确，还需要掌握正确的操作流程并能熟练地运用。

流程化的事都可以实现机械化，解放并取代手，机器如果能够随机自动优化选择，就实现了智能化，取代人的大脑。人的手和大脑功能被取代时就彻底解放了劳动力。彻底解放人的劳动、不断提升智能机器人的智慧和能力是现代工匠永恒的追求。

【范例六】我们利用管理的一贯之道看十八大以来的几个新的管理理念,"四铁""四有""四危""四自"四个核心意识,如图4-9所示。

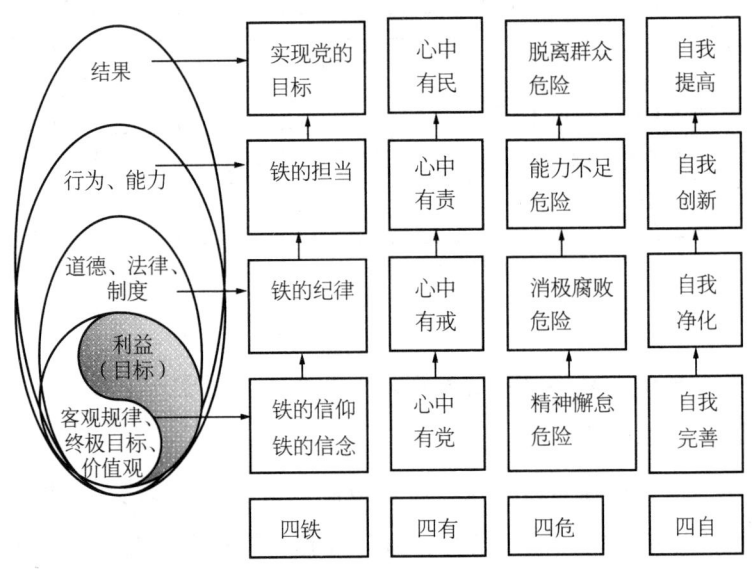

图4-9 管理的一贯之道的应用

还有,"四个自信",即理论自信、道路自信、制度自信、文化自信;"四个意识,"即核心意识、看齐意识、责任意识、大局意识;做"四有"新一代革命军人,即:有灵魂、有本事、有血性、有品德的新一代革命军人。

这些理念为什么好,为什么能得到广大民众的认可,就是因为合道,合道自成高格。

管理的一贯之道,虽然有四个层面,我们在强调其内涵时,不一定只用四个词表达,也可用五个词或多个词(但多个词不好记),如好干部五条标准:①核心层:信念坚定;②规则层:清

第四章 塑造工匠的基本技能

正廉洁（包含全部美德）；③行为能力层：勤政务实，敢于担当。敢于担当，强调的是责任担当，因为能力与责任相对应；④结果层：为民服务。当干部就是为人民服务，为人民服务与信念坚定相对应，领导干部要坚定为人民服务的信念。

　　管理的一贯之道具有普适性，类似的例子有很多，甚至无穷，我们通过掌握核心内容与变化的方法，单独强调时可分（分时要想到整体），整体运用可合，不同领域表达方式可变，掌握了变化的方法，就掌握创新的灵魂，万变不离其宗，实现从有限到无限，一定要把知识学活用活，才能真正提高能力。

第三节 基本操作流程——万通七步工作流程

一切工作始终都是一个流程,一切技术都是对做事流程的熟练掌握。解决一切问题的方法就是编制程序,深刻见于本质,精通见于流程!工作的过程是不断学习的过程,是不断研究的过程,是不断改善的过程。

依据系统控制论,我们给出做事的基本操作流程,如图4-10所示。

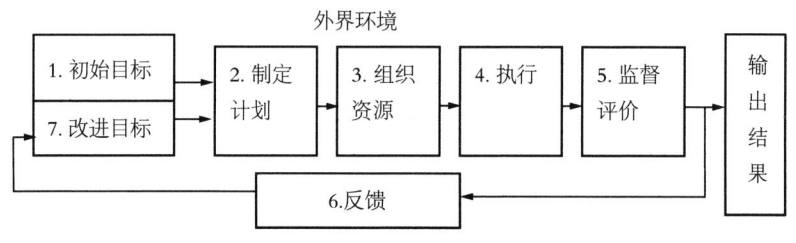

图 4-10 万通七步工作流程

1. 确定工作目标

工作的目标是解决问题。问题=标准-现状,没有标准就没有问题,根据标准和现状确定问题。

目的要明确。"要什么",目的是什么?做什么工作?

标准要明确。理想的标准、法律标准、制度标准、流程的标准是什么？

现状要明确，内部人文环境如何？外部人文环境如何？

理念要明确。就是要明确工作的动力，为什么做，为谁做，为什么要这么做，理由？原因？

这一步的重点是，要保证做正确的事，把大方向选择正确。目标就是我们要解决的问题。塔尔科特·帕森斯说："任何行动系统都具有目标导向，系统必须有能力确定自己的目标次序和调动系统内部的能量以集中实现系统的目标。"

2. 做详细的工作计划（方案）

做出详细的工作计划（路线、规矩、方针、步骤、关键措施、防危害措施），对于一个工作目标，应该做出几个方案，然后根据条件和标准进行优选排序。制定工作方案时要多方征求意见，多利用外部的智慧。

画出蓝图，做出计划。这一步实质就是制定实施方案，重点是保证把事做正确。

预演。在大脑里或沙盘里把事情做一遍甚至多遍。

3. 组织资源

组织资源、合理配置关键资源是实现目标的基础，要组织六大资源，人、财、物、时间、空间、信息。样样备齐。

分析人。谁负责、谁完成、谁配合、谁监督、谁反馈、谁协调最合适？

分析财。费用（成本）多少？钱从哪来？需要哪些审批手续？利润多少；

分析物。需要哪些工具，需要哪些物品，能源需要多少，如何调配。

分析时间。什么时机最适宜？什么时间完成？最长的期限是多少，最短的期限是多少，有哪些节约时间的方法。

分析空间地点。在哪里做最适宜？从哪里入手？怎么做能节约空间，如何通过节约空间来节约时间。

准备信息资源。需要哪些信息资源，知识标准信息、技术标准信息、制度信息（控制方式）、信息的载体是什么？如何传递反馈信息，如何保证信息及时、有效并可靠，外部环境条件信息如何，有哪些可利用的资源。

4. 执行

将计划变成行动，将工作的蓝图变成产品，需要执行和协调。一是要协调好各方之间的关系，激励行为。运用物质和精神刺激调动积极性和创造性。二是建立协作网络。三是要适当地指挥和教练。

5. 监督评价执行效果

监督工作的全过程，依据标准，找出差距和不足。评价分内部评价和外部评价，一定要有外部评价，多方征求外部的意见。

6. 反馈与调整

系统依靠反馈信息进行调整和控制。系统控制论认为："及时取得反馈信息是系统优化的重要条件"。对于管理系统，反馈信息影响决策行为。所以，对反馈信息的要求是及时、准确（不失真）、全面、适用。

第四章 塑造工匠的基本技能

在执行的过程中不断地根据反馈信息进行调整和控制。控制生产的进度、目标。不断地鼓舞士气、不断地化解矛盾、不断地排除障碍。

认真对待来自内部和外部的反馈评价结果,特别是来自外部评价,必须认真对待,因为我们必须获得群众的认同。

7. 调整和改进计划后继续执行

几乎所有的计划,在执行的过程中都是要经过调整的,在执行的过程中,方法可以经过无数次调整,塑造工匠目标不可轻易放弃,终极目标是永恒的追求。

万通七步工作流程的"八有",工作有目标,行动有方案,执行有组织,过程有监督,步步有确认,结果有反馈,事后有总结,奖惩有规则。

做任何事都是这个程序!在应用过程中,七步同时存在,随时调整,随时改进。万通七步工作流程使工作变得简单化,程序化、统一化。

工作的程序是可以复制的。比如电脑基本操作程序是可以复制的、是通用的。历史只能重复规律,不能重复事实。具体的、成功的案例是不可以复制的,因为原来的环境、条件不能完全再现。

万通七步工作流程的必备条件是保证四流畅通:人员流动畅通,资金流畅通,物流畅通,信息流畅通。

一个有效的工作过程,就是要通过履行以上七项工作,引导、借势、借力,推进变革,以实现目标的过程。我们掌握了这个流程,一切问题对我们来说都不是全新的问题。会大大地提高你的解决问题的能力。

【范例一】个人自觉修炼工匠精神的七步流程

企业用工匠精神标准教练员工，员工用工匠精神标准修炼自己。精神的修炼主要靠自觉自动，自己修炼、自己证悟，用工匠精神的标准给自己铸型，用工匠的行为能力给自己写史。

信仰工匠精神。让工匠精神成为自己的灵魂（信仰客观规律）。心灵与工匠精神标准相合，行为与工匠精神标准一致。在现实世界中做理想中的我，心灵的进步是必须的，行为的进步是必要的。一切按工匠精神标准生活，保持圣洁。

做修炼计划。每天背一遍或多遍工匠精神标准，每天对自己的行为进行反思和修正。

找资源。选择最理想的榜样，选择志同道合的人一起修炼工匠精神。

执行。自己照样做（模仿标准执行），在日常生活上把工匠精神的神圣品质表现出来。

自我监督。时刻按工匠精神的标准监督自己。

反馈、反思、改进。通过反馈进行反思，并做出改进方案。

执行修正行为的方案。不断地修炼，终生修炼。最终把自己修炼成有道德的、自动自觉、能力强大的圣人。

【范例二】制订操作计划的七步工作流程

操作计划是在明确目标的基础上，要解决怎么做的方法。例如，做某事A的计划的七步流程：

1）目标（目标就是要解决的问题）

目的。为什么要做A，为了获得哪些利益，为了避免哪些害处。

标准。要做成什么样?结果指标、质量标准、数量标准、时间指标、奖惩标准,完成了如何,完不成如何。

现状如何。用量化的形式表述现状。内外各种约束条件和可用的资源。

2)订计划的计划(方法——怎么做)

进一步明确与定义问题——要做什么决定/要求什么结果。

完整的计划要包括四个要素:①思想原则。总体指导原则,某一步的指导原则。②程序步骤。第一步做什么,第二步做什么等。③方法技巧。每一步的方法是什么,每一步的技巧是什么。④所需工具。每一步需要的工具是什么。

分析问题。有哪些可选择的方案。

评估可能的解决方案。有哪些可选择的方案。

选择与确定方案。哪个方案最合适。

进一审核确定、实施解决方案。转到流程的第一步。

3)订计划需要的资源

人员。谁主管最合适?谁执行最合适?哪里有最合适的人?团队的组织结构如何设计。

资金。总计需要多少"银子"?费用从哪来?怎么能得到?产出是多少,如何节约成本费用。

物资。原材料从哪来?怎么运输?所需的工具从哪来?怎么得到?

时间。什么时间开始?什么时间完成?什么时间完成什么事?如何优化节约时间?

空间。在哪里做?第一步在哪里做?第二步在哪里做……

信息。需要哪些技术信息?如何获得技术信息?如何沟通交

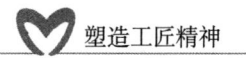

流信息？如何保证信息的及时、准确而有效？

4）执行——开始制定工作计划

就是执行第二步给出的流程。

5）对确定的实施评价与审核计划

思想实验。虚拟执行、沙盘演练、仿真实验等。

实施时可能会出现什么问题和机会？

可能会造成什么影响？可能获得什么收益？

可能造成不利影响的潜在原因是什么？

万一发生了重大的意外事件，备选方案是什么？

如何发现计划进行是否顺利？预警指标是什么？

经过虚拟执行计划之后，整理搜集到的信息作为反馈信息。

6）利用反馈信息修正原来的计划

利用反馈信息修正原来的计划，确定新的执行计划。一定要有备选方案，防止意外的事情。

7）执行新的计划（将经过反复审核的计划，交付执行）

在执行过程中，不停地监督，不断地修正，始终瞄准目标。

制定工作计划，确定工作计划就是做决策，千万认真审核，周密的计划成功率大。

第四节 系统化解决问题的理论体系

依据管理流程,我们给出系统化解决问题的理论体系,如图4-11所示。

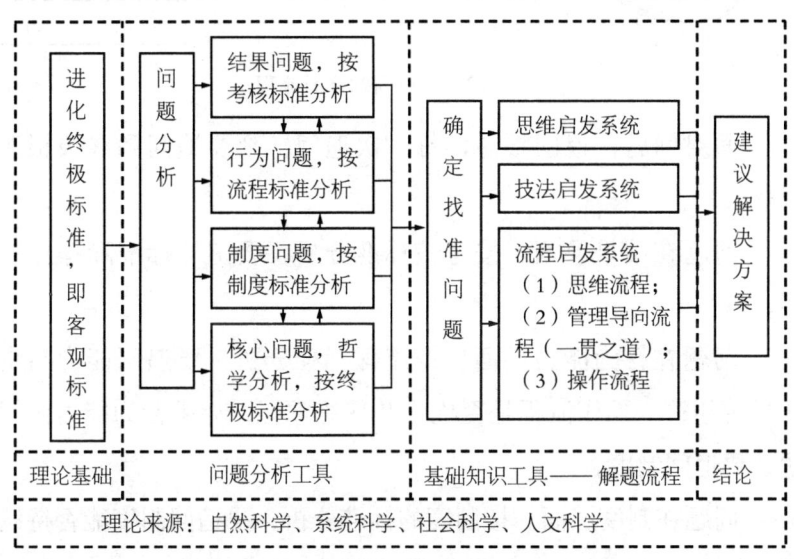

图4-11 系统化解决问题的理论体系

应用方法如下:

对照管理创新的终极标准找问题。创新类问题依据理想化的终极标准,只要没有达到理想化的标准,就有创新的空间。

发现问题找根源。诊断管理的问题,就像医生诊断病情,查病因、找病根、析病理，最后得开对药方，用对药。急则治标，缓则治本，不急不缓，则标本兼治。

运用管理的一贯之道（管理的导向流程），问题的诊断流程，如图4-12所示。

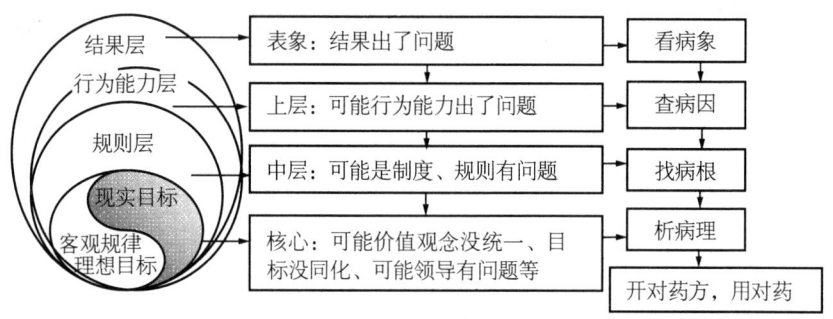

图4-12 企业问题诊断流程

面对问题，追问根源，每一次追问，都要追问到终极根源（核心）：

问题在结果层面。按考核标准分析，要追问标准和操作技能。

问题在行为能力层面。按流程标准分析，要追问能力与责任是否相符、操作流程是否优化并熟练掌握；如果行为能力没问题，要追问制度。

问题在制度层面。按制度的标准分析，要追问制度能否持续驱动流程自动化运行，如果制度没问题，要追问到核心。

问题在核心层面，依据终极标准进行哲学分析、系统分析、理性分析和价值观分析，对于一个具体问题，多种分析方法是同时存在的。

问题确定以后，要探索问题的解决方案。

第五节 流程化解决问题的方案

一、用类比法寻求具体问题的解决方案

我们给出的三大流程是一般问题的标准解,我们遇到的具体问题都是特殊解。比如一元二次方程,有抽象的标准方程和通解,对于具体的一元二次方程,只要用类比法往通解公式中一套,专门的解就出来了,如图4-13所示。

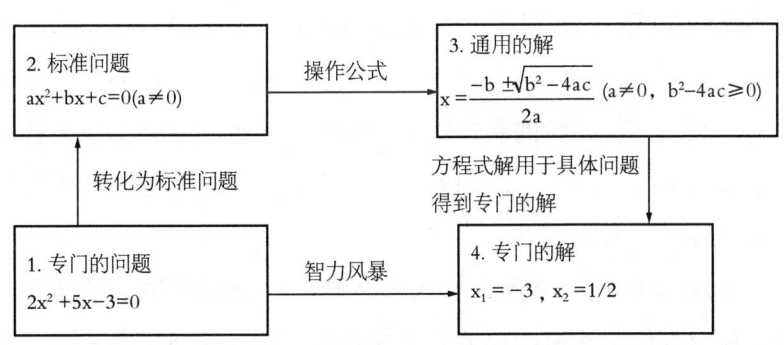

图 4-13 一元二次方程解题思路

我们遇到的一切具体问题,都可以抽象为流程问题,一切问题都可以通过三大流程寻求解决方案。一化万法,万法同源,如图 4-14 所示。

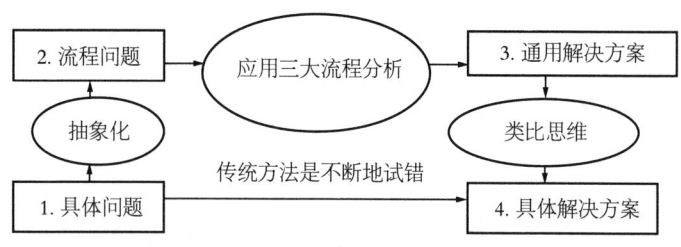

图 4-14 创新问题解决流程

我们再应用思维方法启发系统和技法启发系统就可以对一个具体问题给出多种解决方案,我们再对给出的方案进行优选,就可以得到比较理想的解决问题的方案,这大大提高了解决问题的能力,遇到的新问题就不会不知道怎么去思考、怎么去解决。

历史不能重复事实,历史只能重复规律。环境在变,条件在变,原则上讲我们遇到的每一个问题都是新问题。创新型工匠要做前人没有做过的事情,要做没人知道该怎么做的事情,创新型工匠需要自己创新设计解决问题的方案和方法,所以,我们给出的不是一把钥匙(解决某一问题的方法),也不是一串钥匙(案例),而门(问题)是变化的、无限的,有限的钥匙终究会被无限的门挡住。我们给的是配钥匙的方法,掌握了这种方法,就可以给所有的门(问题)配钥匙。当然需要熟练地掌握并巧妙地进行要素替换和灵活运用。

大智者骋无穷之路,学永恒之师,守天地之法,用通变之术。任何具体怎么做的秘方几乎注定会过时,而通用的流程,能够适应变化,指导我们对所有的问题做出解决方案。良匠授人以规矩,不能授人以必巧;良师授人以方书,不能授人以必伟。运用之妙,存乎一心!工匠个人的努力永远是成功的必要条件。天雨虽大难润无根之草,方法虽妙难济不用之人。

二、择优汰劣选择最满意的方案

因为我们开发具体问题的解决方案不能是一个（只有一个方案，一旦行不通便是死路一条，方案唯一就没有选择的余地），一般应该在 3～5 个方案，重大决策的方案可能多一些，根据具体情况和掌控能力而定，太多太少都不利于选择。

我们时刻都面临选择，我们需要对目标、计划方案、所用的资源、执行过程的协调方式、监督评价的方式、信息反馈的方式、方案修正的方式等进行选择。

选择的标准：终极的、理想化标准；当前条件下最满意的标准。

选择的原则：趋利避害、趋吉避凶。两利相权取其重，两害相权取其轻，如图 4-15 所示。

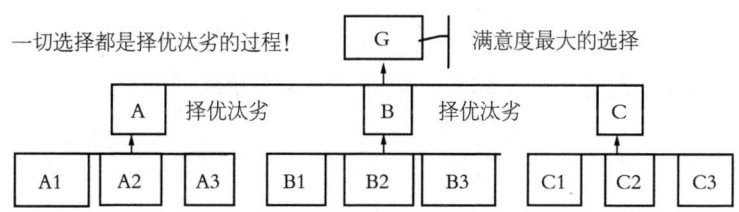

图 4-15　选择的金字塔结构

"三大流程"给出的解决问题的流程，可以应用到各个领域和我们生活中的每一件事。"三大流程"为我们明确了寻找理想的解决问题方案、路径和方向，保证我们在问题解决过程中沿着此路径前进并获得最终理想解，从而避免了遇到创新问题不知从何着手的弊端，提升了创新设计的效率，为创造性地解决问题架起了一座通向成功的桥梁。

塑造工匠精神

每个人的大脑中必备四套软件,一是终极标准,二是价值选择的原则,三是必须遵守的规则,四是做事的流程方法。

本章小结:

本章介绍了塑造工匠的基本技能的"三大流程",这三个流程具有普适性,因为一切工作都可以抽象为"一件事"或"一个问题",所以,无论做什么事,无论要解决什么问题,都要用到它。一是在解决问题时用三大流程进行类比,可以很快地找到解决问题的路径和方案;二是用这三个流程检查工作中的问题,差在哪了、根源在哪里、思维流程错了吗、导向流程错了吗、操作流程错了吗,通过不断追问和查找,能够很快地发现问题的根源。

掌握这三大流程,可以大大提高解决问题的能力!这三大流程是最基本的流程,不可以再简化了!如果在解决问题时,扔掉了某一个环节,或者是某个环节没做好,一定会出现问题!

第五章
塑造工匠的文化

塑造工匠的文化就是通过全频道、全时空、立体化的教化,使人们自觉信仰工匠精神,使人们自觉遵守工匠制度,使人们自动逐渐提高工匠的能力,使各行各业的人们成为自觉自动地、不断创造新的精品的工匠,工匠文化形成的标准就是不断追求精益求精的行为自动化。

经济发展改变的是一个国家的面貌,文治教化则可以塑造一个民族的风骨。躯体代表血统,合道的文化是灵魂。没有伟大的文化,就没有伟大的工匠;没有伟大的文化,就没有伟大的民族;没有伟大的工匠,就没有伟大的国家。

 塑造工匠精神

第一节 工匠文化是什么

最可怕的事情是讲文化的不懂文化,歪文乱化,满嘴胡话,坑害天下。

一、文化是什么

1. 什么是"文"

《左传》:"经纬天地曰文",《国语》:"经之以天,纬之以地,经纬不爽,文之象也。"管天地万物的是客观规律(道),所以客观规律(道)是"文"本源,"文"包括法律、制度、道德规范、标准、文件、文本等。所以,"文"承载的是天道、地道和人道,"文"传递的是规则和道理。

客观规律(道)是"文"的标准,"文"以载道,合道自成高格!"文"必合于道才能通行。

万事万物皆为文的载体。因为客观规律既在万物之外,又在万物之中,自然是最伟大的一部奇书,万事万物之中蕴含着天道、传递着规则和道理。文是文字,文字是记录事物的符号。文

字符号的原型是实物，实物的抽象是图片，图片描述的故事，故事反映的行为、观点、看法等，都具有"文"的功能。

2. 什么是"化"

"化"的本义是变化、改变。例如"化学"就是一门研究物质变化规律的自然科学。

"化"有"生成"意。所以和"化"相连的事一定要结果，用结果证明一切。

"化"有教化之意。管仲认为，化者，教化是也。渐进、驯服、磨炼、熏陶、适应、习惯等是"教化"的作用。

"化"有一贯、一致、整齐化一之意。例如：工业化、电气化、系统化、流程化等。

总之，"化"指的是事物形态或性质的改变。有造化、变化、生化、分化、育化、教化、进化、退化、同化、异化等。

3. 什么是文化

《辞源》对文化的解释是"文治和教化"。文化一词最早见之于《易·贲卦》的象辞："刚柔交错，天文也。文明以止，人文也。观乎天文，以察时变；观乎人文，以化成天下。"

文化＝"文"（规则）＋"化"（教化）

"文"是原因，"化"是结果。文化是从原因到结果的一个教化过程。"文"和"化"是两件事。"文"讲的是规则和道理，"化"体现的是行为和结果。文化不只是文字，更是行为和结果。有没有"文"看规则，有没有"化"看效果。循名以责实，观"文"以查"化"，用结果证明一切。没有效果，就是有

 塑造工匠精神

"文"没"化"。"文"和"化"是合一的。"文"能"化"成结果,"化"的结果又具有"文"的功能。"文"要给人以心理动力、行为导向、行为规范。"化"要自己做出结果。

文化的本源是"道""化"。"道"为文之本源,"道""化"天下。老子说:"道生一,一生二,二生三,三生万物。"依"道"为"文",以"道""化"心、"化"行、"化"物、"化"人。

"文化"在进行时态表示教化。以规范教化世人,使人们的思想观念和言行举止合乎客观规律、道德规范、制度和法律,使人从野蛮人变为文明人,达到心灵文雅和行为高尚。

文化(文治教化)与武化(法制)相对应。文化是通过说教(循循善诱)和示范(身体力行)进行温和教化,使人心悦诚服、自动接受。武化重在法律制度规范行为,必须遵守事先制定的规矩和指令,通过威慑、惩罚、暴力等手段强制执行,不管承受者的内心是否接受,都必须服从规矩和指令的意志,其强调结果的统一性,最终达到外化于形。

文化与武化为一体,文化是用客观规律、道德规范、制度和法律进行教化,在文化层面谈法律和制度,就是用法律和制度的条文进行教化,而不是用法律和制度的手段进行强迫。武化是强迫行为,文化是自觉行为,武化制度是让人想犯罪而不能犯罪,道德文化是让人能犯罪而不想犯罪。

"文化"在完成时态是习俗、风气、习惯、生成的意思。文化是人类在社会历史发展过程中所创造的物质财富和精神财富的总和。文化包罗万象,无处不在。包括历史、地理、宗教、信仰、风土人情、传统习俗、生活方式、文学艺术、行为规范、思

维方式、价值观念、科学技术、制度、服饰、生活常用品等。

文化源于外（他）化，成于内（自）化。文行于外，内化于心，外显于行。

文行于外——"文"表述的规则来自于外部。即客观规律、法律、制度和道德规范等从外部引导和约束每个人的行为。

内化于心——一切外部的引导和约束能否起作用，取决于个人心中的认同和选择，心中规范，方为根本。内化于心，是自化的前半段。

外显于行——在行动上显现出来的为有效，在行动上没有显现出来的为无效。这是自化的后半段。

文化终须自化，自化就是自己管理自己，养成一套习惯，人处于自动状态，自觉、自律、自动、自现。

人管理自己，借用孟子一句话，"非不能也，是不为也"，如何实现不为使其为，不化使其化，有两个必要条件：一是化人之"文"的精神引导力和约束力要足够大，"文"的有效性不仅在于"文"中规定的行为方式，更重要的是违反规则的后果；二是当事人对化人之"文"的信仰。内心真诚信奉，外表自动践行。

结论：文化根源在天道，内化灵魂生奇效，制度规范立标准，文治教化尽其妙，培训技能通流程，自觉修炼最重要，专注目标求完美，不断优化靠创造。

4. 文治教化的结构体系

文治教化是非正式制度，与正式制度有相似的结构。一个完整的、可操作的、能保障执行的非正式制度，同样要具备制度的四个要素：①有原则性条文，非正式制度条款的公理化原则：合理性、完备性、独立性；②有实施与考核细则；③有全过程全方位监督、检查、考核的机制；④有落实奖励与惩罚机制，给检查结果一个说法。

"文"能"化"人的有效性不仅在于你宣布了什么规定，更在于违反规定的后果。

5. 文化（文治教化）的一贯之道

文治教化是一种管理手段。依据管理的一贯之道，①客观规律、价值观、思维方法和利益目标是组织系统"思考的总依据"；②法律企业制度和道德规范是组织系统"做事的总规则"；③企业的工作流程，员工的行为习惯构成组织系统"行为的总方式"；④企业的员工、产品、标识、绩效等构成组织系统"结果的总形象"，如图5-1所示。

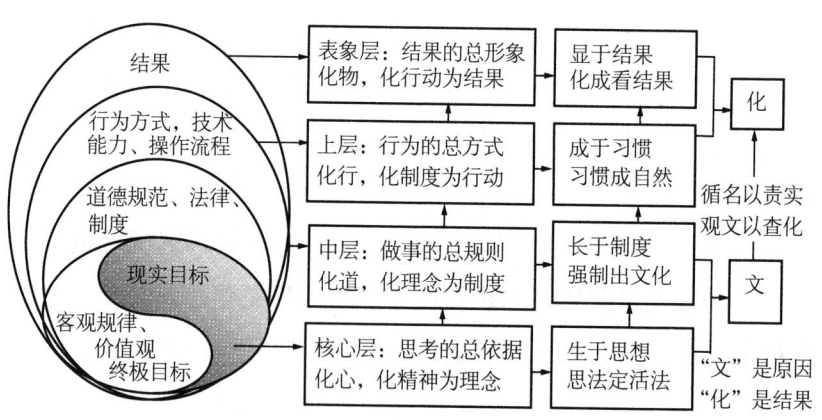

图5-1 文治教化的一贯之道

前面做了很多分析和探讨什么是"文化"，都不是文化的定义，现在我们要回答"文化是什么"，给出一个标准范式的定义。

文化是劝人向善的教化过程。一切事件都可以归结为一个过程，一切过程都需要管理。一切管理都遵循管理的一贯之道。依据管理的一贯之道则有：

文化的定义：文化是通过灌输思考的总依据、做事的总规则、行为的总方式、结果的总形象，使人们实现自觉自动、自管自成的教化过程。

这个定义既划定了文化的边界，即"文化是教化过程"；又包含了文化的全部本质内涵，即文化是人类"思考的总依据、做事的总规则、行为的总方式、结果的总形象"。既包含了动态的过程，也包含了静态的结果。

文化是"化心、化道、化行、化物"的过程。

化精神为理念，化理念为制度，化制度为行动，化行动为结果。

文化是"生于思想，长于制度，成于习惯，显于结果"的过程。

"思法决定活法，强制出文化，勉强成习惯，化成看结果。"

文化"四落实"：在精神层面落实，核心思想化为信仰；在制度层面落实，在制度中体现理念；在行为层面落实，化规范为永恒的行为准则；在结果层面落实，以结果证明文化的先进性和有效性。有一个层面不落实，文化就成为"两层皮"，文化就是空话！做到的叫文化，做不到的叫口号。

二、工匠文化的定义

工匠文化是企业通过灌输思考的总依据、做事的总规则、行为的总方式、结果的总形象，使员工实现自觉自动、自管自成的教化过程。

工匠文化四落实：思想上落实，使规矩成为信仰；制度上落实，明确行为规范；行为上落实，修成创造精品的能力；结果上落实，养成创造精品的习惯。

三、工匠文化的功能

文化以教化的方式实现管理的功能，工匠文化的功能与实现条件见表5-1。

表5-1　工匠文化的功能

序号	功能	实现路径	实现条件
1	导向功能	以价值观、终极目标导航	被信仰
2	约束功能	以规范和终极标准约束人	被信仰
3	凝聚功能	核心统一、观念统一、规则统一	信仰统一
4	激励功能	吸引力和恐惧力足够大	被信仰
5	学习功能	文化的榜样是理想的、完美的	被信仰，被追随
6	创新功能	择优汰劣的规则使必须创新，文化的终极标准引导创新	被信仰，主动追求
7	辐射功能	广泛地传播，裂变式复制，理念、产品、形象、媒体具有广泛的传播作用	被信仰

第二节 为什么塑造工匠文化

一、为了辅助塑造工匠的制度

塑造工匠只有两种手段，一用制度强制规范行为，二用文治教化接受规范、引导行为，如图 5-2 所示。文治教化的是道德规范，是企业的非正式制度建设，所以，文治教化与制度是一体的，目标一致、密不可分。制度是刚性的，文治教化是柔性的，刚与柔要相济；制度是硬管理，文治教化是软管理，软与硬要兼施；制度约束是实（有形）的，文化约束是虚（无形）的，虚与实要合一。汉代刘向说："圣人之治天下也，先文德而后武力。

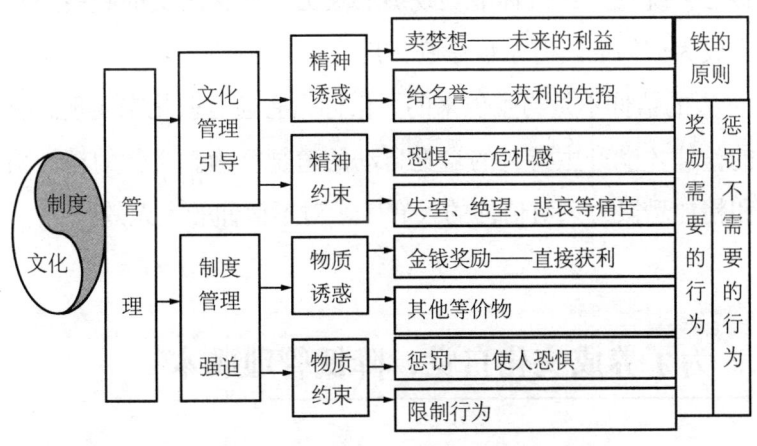

图 5-2 管理的二元合一的手段体系

塑造工匠精神

凡武之兴,为不服也,文化不改,然后加诛。"文不能化,绳之以法。"文"能化人,不必用法(武化),一不伤和气,二不伤人心。管理从"有形"的制度管理向"无形"的心灵管理进化。

二、为了建立信仰,使灵魂神圣

管理做到极致,无非文化。利益驱动是动物的本能,情感维系是爱和善的结晶,理和义是引导智慧的法则,文治教化是精神的升华,灵魂神圣。

文治教化侧重塑造灵魂,重视内在精神价值的开发,赋予员工以生命活力,为员工提供精神源泉、价值动力、引导发展。改善"缺心少魂"的局面。经济发展改变的是一个国家的面貌,文治教化则可以塑造一个民族的风骨。躯体代表血统,文化是灵魂。只要躯体和灵魂不灭,事业永存。

文治教化以统一的核心价值观、统一的终极目标、统一的领导核心、统一的终极标准实现凝心聚力。教化之文的吸引力和恐惧力成为信仰后具有永恒激励作用。

人的信仰不是与生俱来的,信仰只有通过教化来实现。有正确的信仰才能产生持久的自觉自动的道德行为。文化的精神引导力和精神恐惧力只对信仰的人有效,对不信仰的人无效。

三、为了养成文化自觉,降低管理成本

(1)"文""化"人的最高境界是心灵、行为和结果自

化。就是文化无意识,角色自觉,从文化认同到文化信仰、文化自觉、自信、自动、自成。使人自觉自愿地尽心、尽力、尽职、尽责。达到管理的最高境界不用他管,每个员工都按统一规定的程序自己适应变化、自我管理,管理成本自然就降低了。

(2)文治教化的魅力在于,不管而人自治,不治而人自服,宣"文"而人自"化"。见"文"就"明","明"了就自动遵守规矩,这叫"文明"。

制度主要是外部控制;文治教化侧重自我控制、自我管理,最佳效果是全体员工整体自动化!企业像一部无人驾驶的、性能良好的、不停运转的全自动的机器。所以文治教化的管理成本最低。

四、为了塑造工匠,实现组织的可持续发展

文治教化强调以人为中心。领导方式由指挥型向育才型转变,培养合格的人才是企业的第一要务。以教化培养合格的员工实现可持续发展。优秀在于培养,道德需要教化,卓越需要训练。通过文治教化,把企业办成培养人才的学校,缔造幸福的工厂,创造绩效的场地,长远发展的团队。

第三节 如何塑造工匠文化

一、明确优秀工匠文化的基本标准

一切从标准开始！标准就是努力的方向。做事最怕没标准，更怕标准是最差。

1. 标准一——教化之"文"可信、有力、适用、可行、先进

可信。"化"人之"文"要让人认同、信服。

"化"人先"化"己。依据要达到的效果，设计好的"化"人之"文"，先问一问自己的心，认同吗？能做到吗？有哪些人会不认同，有哪些人做不到，为什么，问题出在哪里，先做心理实验，再用实践检验。效果不好则调整，不可行则改变。要想成为赢家，先成为专家；要想说服别人，先说服自己；要想教育别人，先教育自己；要想管理别人，先管理自己；要想激励别人，先激励自己；要想感动别人，先感动自己。

有力。"化"人之"文"要具备管理的两个力，正向引导力和负向威慑力。这两个力越可信，力度越大，越有效。"文"的有效性不仅在于你宣布了什么规定，更在于违反规定的后果。

文化的困惑是无力：缺乏说服力、缺乏竞争力、缺乏吸引力、缺乏驱动力。"文"有威可畏可信，形成威信；有利渴求渴望，形成期望；威信之极，期望之切，文化的力度就在于此。

适用。要求好识别、好记、好用、好传播。

不同的人，不同的"化"法；不同的事件，不同的"化"法。方法随人、随事变。针对问题设纠偏之"文"，对症下药。

可行。可行就是"化"人之"文"的要求人们能够做到。

先进。文化先进的标准主要有四条：①文与客观规律相合，即文化提倡的行为是可以普遍化的行为，文化禁止的行为是不可以普遍化的行为。②激励进步，有正能量。③文治教化的结构完备，因为文化是非正式制度，所以，文化系统的结构与制度系统的结构相似。④教化的过程方法有效，能够实现文化自动化。

假文化和伪文化只满足第一条，说的与做的两层皮。

2. 标准二——思想的统一性、多样性合一

思想的统一性是指"思考的总依据"统一，服从客观规律，具体表现为组织内所有人的思维方法与核心的价值观、现实目标和终极目标统一，求其共性，统一频道。

思想的多样性是指面对多种多样的具体问题，思想内容的多样化、体裁的多样化、路径的多样化、表达形式的多样化。没有多样化就没有创新，但万变不离其宗，文化建设中的所有理念都是核心价值理念的延伸，使理论归一。

3. 标准三——领导核心统一

领导班子协调一致，紧密配合。纵向上层层配合，横向上人

人配合。企业像一个人的整体,像一台自动的机器。不能有两个核心,否则一定导致内乱。

说明:工匠文化不是领导文化,但领导在组织文化起着十分重要的作用。

塑造工匠文化从领导开始!领导者是组织文化的主要设计者、倡导者、管理者、推动者、践行者,工匠文化永远带着领导的文化基因;领导者的价值观决定了组织文化的基调;领导者的示范作用关系到组织文化建设的成败;领导者的观念创新推动组织文化的更新;领导者素质的不断完善促进优秀组织文化的形成。

文治教化对领导的"化"人水平要求高。凡教化之事,非殚精竭虑、循循善诱者不可任之。学识浅陋无以导人,人品不高无以信人,逻辑混乱无以服人。

4. 标准四——规矩大统一

规矩大统一就是"做事的总规则"统一。比如:所有人都遵守共同的制度,做事基本流程统一,同类事情的标准统一,制度与核心理念统一,制度体系本身和谐统一,制度与客观规律和谐统一。

5. 标准五——行为的总方式统一

组织行为的总方式统一表现在组织做事特点上,主要有以下三个特点:

(1)榜样唯一。理想的道德榜样唯一,行为规范才能统一。科学理性信仰的团体,虚拟一个符合客观规律的最理想的标杆，在各个领域、不同的专业方面，道德榜样可以是多样的。

（2）行为的基本流程统一。流程也叫程序。程序不统一导致复杂和混乱，程序统一了，步调就一致了。一个组织文化形成以后，每个成员都像在一个"编好的程序"下运行一样，解决问题的总程序统一，前后一致，逻辑清晰。

用制度管人，用流程管事。塑造人格立规矩，提高效果建流程。流程不畅协调难，会议多、请示多。流程复杂事难办，浪费时间，浪费资源。

（3）教化培训的过程与结果统一。优秀是教育出来的，卓越是修炼出来的。通过培训使组织成员的行为程序统一。将工作、生产、服务等编好流程和操作范式。反复演练标准的行为，反复考核标准的行为，直到达到标准为止。经过长期训练，形成固定的习惯，人就成型了，所有人行为像是一个模子出来的一样。文化就有效了。

6. 标准六——追求最优化始终如一

存优汰劣，追求队伍工匠化。选优法与汰劣法并用。选人不一定准，需要试用，试用不一定合适，需要调换；业绩不优秀的要淘汰，培养不能提高绩效的要淘汰；条件是必须保证人才流动渠道畅通。经营企业的本质就是经营人。

吐故纳新，追求文化普适化。吐故纳新是组织生存最重要活动，组织文化中不合适的观念需要及时更新。

与时俱进，追求组织结构最优化。学习和创新是组织永恒的主题。在学习中创新，在创新中进化，在优化中进化。

7. 标准七——有正确的人才培养渠道和标准

培养人才是组织的第一要务。要造产品先造人，企业首先是培养人才的学校，然后才是创造精品的工厂，分享幸福的家园。用正确的思想和规则塑造人才，用行为和业绩考核人才。

8. 标准八——服务顾客，为顾客创造价值是第一追求

依据系统论，环境对系统的要求是有输出价值的功能，顾客是企业组织的"环境"，所以，企业必须关注顾客，服务顾客，顾客满意是企业存在的条件。

9. 标准九——承担社会责任，与环境和谐统一

企业与社会是一体的，企业享受社会利益，所以企业必须承担社会责任。企业利用环境，同时必须保护环境。

10. 标准十——企业组织的总形象统一

组织外部特征形象：经营实力和经营效果的外部表现。

物的方面：如招牌、门面、徽标、广告、商标、服饰、营业环境等。

人的方面：组织的外部形象，是内部素质的外化。通常用一些既富于哲理又简洁明快的语言来描述，比如，"求实、奋进，精益求精"，"乐观向上，积极创新，永不言败"的精神。又如，"顾全大局，凝心聚力；协同合作，自动自发；勇敢顽强，尽职尽责；分享利益，乐于助人"。

文治教化的基本要求是：理念认同化，规矩合理化，行为规范化，标识系统化。把理念化为规范，把规范化为行动，把行为化成结果。

二、建立以领导为核心的企业培训师队伍

塑造工匠的文化，企业一定要有自己的培训师队伍和懂现场、会辅导、会培训、会推动的中层教练队伍。最理想的状态是每个员工都能成为自己的培训师，教化自己，管理自己。

1. 现代工匠培训师的四大任务

激发动机——不愿使其愿；传递知识——不会使其会；

扩展能力——不能使其能；促进行动——不为使其为。

2. 优秀培训师必须具备的条件

塑造工匠精神文化，最怕培训理念不正，害人一片，所以对培训师要高标准、严要求。优秀培训师必须具备的条件如下：

先进的思维，正确的理念，明确的目标，有效的执行。

高尚的人格，正直的品行，博大的胸怀，积极的心态。

强烈的动机，良好的习惯，渊博的学识，精通的专业。

广泛的经验，熟练的技巧，良好的沟通，正确的反思。

健康的体魄，顽强的毅力，不断地学习，随时地教化。

总之要具备"五力"，即"思考力，学习力，行动力，沟通力，创造力"。

3. 理论培训师的"四精"标准

内容精通：精准适用、精细深刻。融会贯通、触类旁通。做到一"懂"，二"通"，三"精"，四"化"，一化万法。

知识精练：内容简练、语言精练、结构凝练。

设计精巧：精致巧妙，构思精致，方法巧妙。

 塑造工匠精神

演讲精彩：编的浓墨重彩，导的丰富多彩，演的纯熟精彩。

汇编剧、导演、主角于一体，集教育家、哲学家、艺术家于一身。以理服人，以真信人，以利诱人，以情感人。

三、塑造工匠文化的路径

播文化：用先进理念去引导，在心灵中落实，核心价值观成为坚定信仰。

立规矩：用有效制度去鞭策，在制度中落实，核心价值观在制度中体现。

育行为：用灌输教化去提高，在行动中落实，核心流程在操作中体现。

创绩效：用分享利益去驱动，在结果中落实，文化效果在实证中体现。

1. 用先进的理念去引导

用先进的文化（个人进化的终极标准）培育人、塑造人，丰富人们的精神内涵，提升人们的精神素养，使人们拥有良好的精神面貌、振奋的精神状态和高尚的道德情操。

为什么要用先进的理念引导。①为了给大脑升级。要树立新思想，必须首先破除旧思想；②为了灵魂升华。塑造伟大的精神、圣洁的灵魂。③为了建立"共同的心理程序"，统一思想才能统一行动。

怎么做——宣传教化的方式。把企业办成一所学校，一座教

堂，领导是主教，人人是牧师。

2. 用制度去鞭策

教化塑造工匠的制度。使人明确塑造工匠制度中奖励的行为和利益的诱惑力；使人明确惩罚的行为和严惩的恐惧力。

建立完善的塑造工匠文化的制度，规范文治教化的方式、方法、内容，不能偏离主题。

3. 用培训去提高

行为需要规范和培养，通过灌输和教练养成习惯。搭建平台练行为，养成习惯成自然，自然自动成文化。

4. 用利益去驱动

目的：让有用的行为持续下去，就要给动力系统加油和充电。

方法：激励，利益催人胜狂风，没有驱动一场空。奖励需要正确的行为。

没有利益，就没有动力。就像汽车要加汽油来驱动一样。

四、塑造工匠文化的流程

1. 明确目标、明确规范

1）明确目标

塑造工匠文化的目标就是使工匠精神的标准成为人们的自觉

塑造工匠精神

行为，让工匠文化无时不在、无处不在。

2）明确规范

明确思考的总规范。就是明确科学的思维方法（系统思维、统计思维、辩证思维和逻辑思维）、普适的核心价值观、企业的核心价值观等。

明确做事的总规则。就是制度，也叫戒律。明确哪些是不可做的，哪些是提倡做的。特别要明确违反戒律的后果和遵守戒律的结果。

明确行为的总方式。就是明确做事程序，例如，付出在前，索取在后。

明确结果的总形象。就是明确企业的形象、员工的形象、产品的形象等。

规范要在员工手册中体现，我们最根本的缺陷是不会想问题，人们对某一种理念如果想不通，就会成为他们的信仰！

2. 有计划、有步骤

培训什么人、培训什么、重点是什么、用什么方法、需要什么资源、有哪些步骤等。

针对问题，设计化解问题之"文"。一事一"文"，一文一"化"。以文化解问题，具体问题具体化解，普遍问题集中化解。

3. 有资源

有场地，第一有专门的培训基地，第二工作现场就是工匠文化的培训基地。处处是工匠文化的培训基地。

有培训师和教练。第一，企业要有自己指定的培训师和教练，第二，人人是工匠文化的培训师、人人是教练、人人是学生。

有榜样，有道德权威垂范。权威垂范，道德需要树立榜样权威。道德榜样是完美的才可以追求，可以模仿，更具有权威性。

有教材。有实证，有故事，才有可信度。

4. 有执行

处处布道，处处落实。文化在于信仰，信仰在于教化！没有教化，正确的信仰只存在于少数人中。正确的信仰需要社会化、普遍化，必须依靠所有媒体全时空宣传、鼓动和灌输！融化在血液中，落实在行动上。

层层布道，层层落实。思想落实，制度落实，行动落实，结果落实。

人人布道，时时布道。每个人都是发动机。秘诀一是灌输工匠精神。核心的理念要"时时讲，处处讲，人人讲"。没有传播分享，真理也不会发光。教化的成功需要不断地重复、重复、再重复。文字语言不能改变事实，但语言能改变思想和行为。说一遍可能改变态度，说二遍可能改变立场，说三遍可能改变行为，说一百遍可能改变信仰。秘诀二是故事熏染。讲"见证故事"增加可信度，绩效见于实证。把结果编成故事，用故事承载文化。讲精品的故事，讲名牌的故事，讲典型的故事，从听他人讲故事，到讲他人故事、讲自己故事、自己讲故事。讲见证，讲实证，不可造假；秘诀三是歌曲强化。把核心理念和规范编成歌曲，唱出来，人人唱，经常唱。"融化在血液中，落实在行动

塑造工匠精神

上。"每个员工都是工匠文化的播种机、宣传队。内部要宣讲，不断地强化、不断优化、不断地进化；外部要宣讲，让他人了解企业、相信企业、利用企业。

5. 有监督和评价

自我监督和自我评价，文治教化信仰强调自觉，强迫的行为不具有道德功能。

6. 有反馈

有反思和忏悔。反思是检讨的过程，检讨自己行为的正确性；要正确归因，归因于内，不能归罪外界。忏悔是修正的过程，对照标准找出差距，确定新目标和行动计划。不断校正自己的当前目标和行为，不断的反思和总结，以保证方向的正确和行为的有效。

7. 有改善

不断地改善，不断地提升。组织文化随环境条件变化，具有动态发展性，在发展中创新、丰富和升华。

文化一经形成，就具有相对的稳定性、连续性和动态发展性。一个成熟的组织文化，无论组织在人事上如何更替，产品如何变化、经营方式如何改变，经营的哲学、经营的理念不变，也就是所谓的组织文化。

不断地教化，不断地培养。文治教化不可以速成。文治教化百年功，落地生根不放松。古人说"十年树木，百年树人"，"百年树人"，树的是文化，文化建设并非一蹴而就，坚持长久才能奏效。

贯彻工匠精神，需要经过"理念的认同、规则的建立、行为的改变、习惯的养成、效果的验证"等一系列过程，要取得立竿见影的效果是很不容易的。文治教化是一个长期过程，要持之以恒，不能"开始轰，中间松，最后空"。要集中抓，循环做，形成规律，形成习惯。

文治教化的效果是一个积累过程，要循序渐进，步步为营，才能形成坚实的基础，才不会半途而废。在此过程中，忌心浮气躁、浅尝辄止；忌大旗一举，口号一喊，发个文件，开个会，用文件落实文件，用会议落实会议。上下空谈，没有行之有效的方式方法，无法让工匠精神落地并真正转变为员工的自觉行为；忌只追求轰动效应、赶时髦，否则会导致一阵风性的短期行为，流于形式是衰亡的开始。

五、塑造工匠文化的措施

塑造工匠文化的目的：培养工匠情操，养成工匠的习惯。在困难面前保持平常心态，在生活上保持平淡的心态，在良心上保持神圣的心态，在技能上保持追求卓越的心态，在结果上保持追求精品的心态。

1. 学工匠文化

学工匠的标准规范。

学工匠的制度，工匠的制度包括工匠的操作流程。

学工匠的能力，集体学，将技能培训纳入培训计划，真正

落到实处；自己学，工匠的专业能力以自我提高为主，真正的工匠主要靠自觉养成，通用能力可以搞集体培训。知识永远是不够用的，列宁说："我们一定要给自己提出这样的任务：第一，学习，第二是学习，第三还是学习。"

2. 述工匠文化

塑造工匠精神的倡议书、创造精品承诺书，创造精品的宣誓，举行工匠报告会，举办以"工匠精神在我心中"为主题的演讲比赛等。

3. 演工匠文化

举办工匠文化演出活动，编创工匠创造精品的戏曲、唱工匠的歌曲。创作工匠精神曲艺作品。以丰富多彩、喜闻乐见的形式，开展工匠文艺演出活动，以通俗易懂的内容向员工宣传工匠的精神理念，让员工从艺术节目中接受工匠教育。

4. 咏工匠文化

开展歌颂工匠的诗词、工匠文艺作品征集活动，并在开展工匠诗词朗诵活动，编辑歌颂工匠的诗词用于宣传。

5. 传工匠文化

师传徒；工作中互传，绝活大家学；利用网络分享绝技，只要不是保密的专利就可以公开；利用网络，宣传树工匠新风，算精品账，自觉抵制粗制滥造；开展"向我看齐，从我做起，对我监督"工匠文化活动。

6. 展工匠文化

精品展览，企业有展室，网上有展品，把人名变成名人，把产品变成精品，既提高产品公信度，又鼓舞人奋进向上。

次品展览，展示次品的危害，提示人们拒绝次品，从心理厌恶次品，让次品没有生存之地。

7. 宣工匠文化

在宣贯中广播。知识需要学习，能力需要操练，品德需要修养，理念需要灌输。

把工匠精神播种在人的心里，落实在行动上，显示在结果上。以宣贯提高理念的认同度，内部自上而下地宣贯，外部铺天盖地宣贯。唯有自上而下，从内到外的精神洗礼，才能将工匠精神刻在人的心上！

宣讲工匠的故事，讲好精品的故事，传播精品好处。办工匠精神书画展，寓工匠于书画之中；以板报、工匠文化宣传栏、简报为平台，建立工匠文化园地，广泛宣传工匠的工作成果；在公共场所，悬挂工匠精神横幅，树立工匠的格言警句牌、宣传工匠文化；在办公场所设置永久性标语，同时利用办公自动化、电子显示屏和局域网络，在每台计算机上设工匠精神屏保，工匠自律格言牌、工匠活动室、工匠书架、广泛宣传工匠精神。

可以建设工匠栏、工匠墙、工匠路、工匠石、工匠雕塑等工匠文化景观。办工匠刊物，如《世界工匠动态》《工匠之声》《工匠创新》《工匠绝活论坛》《工匠文化故事》等，广泛宣传工匠精神，了解世界、全国、企业最新工匠动态。从节约和电子办公的角度考虑，这些内容有的可以通过"工匠博客"和"工

朋友圈"来实现。

8. 播工匠文化

利用广播、电视宣传工匠的精神、事迹和产品。

9. 赛工匠的技能

举行工匠的基本知识的基本技能竞赛。竞赛有两种，一种是封闭式竞赛，类似体育比赛，如产品功能大赛等；另外一种开放式的竞赛，即价值量化考核积分，这是一种永久式竞赛机制，自己与自己竞赛，在追求质量积分增加的路上不断追求卓越。

10. 考工匠，评工匠

现代工匠是知识型、智能型工匠，要掌握基本思维方法、基本创新方法、基本的操作技能，要有基本理论的基本技能考试，考核是促进工匠成长的一种方式，在考核中激励。依据制度考核行为，依据目标考核结果。树立典型人物，学有标杆；总结典型事件，做有标准。用人物和故事承载文化。

评出工匠的职称级别，作为人力资源使用工匠的参考。

评工匠的重要目的是树立典型，以榜样工匠带动人，以模范工匠的事迹感染人、启迪人、鼓舞人、教育人。

工匠文化教育的形式是全方位、立体化的。工匠文化教育要进家庭、进社区、进机关、进学校、进课本，进课堂、进企业、进农村……形成文化氛围。说工匠的话，做工匠的活，走工匠的路，筑工匠魂，养成工匠的习惯，做创造精品的人。

在行动中"落地生根"。文化"落地生根"的标准是：观念与制度相符，理论与实践相符，口号与行动相符，文本与案例相符。不能只"写在纸上,贴在墙上,挂在嘴上,登在报上",天上飘工匠精神,嘴上跑工匠精神,行动没工匠精神,知与行分离,说与做脱节。马克思说,"一个行动胜于一打纲领",从理念文化、制度文化、行为文化到物质文化,唯有付诸于实践的行动,才可能收获丰硕的成果。

工匠文化教育要常抓不懈,要抓得深、抓得细、抓得紧、抓得牢、抓得实。以精心培育工匠,以工匠创造精品,以精品开拓市场,以精品为顾客提供更加便利的生活。

六、塑造工匠文化的创新措施

要建立一种新文化,必须对旧文化中不符合客观规律的成分进行批判、否定和扬弃。所以,塑造工匠文化必须对传统文化继承和创新。

1. 推陈出新,在传承中完善

对文化经典用选优法(不用排除法),选择对塑造工匠精神有用的经典而用,借助经典的力量塑造工匠精神文化。传统文化中的优秀成分一定要传承,社会主义核心价值观必须传承,它涵概了中华民族的全部美德和先进的管理理念,要改进的是教化的手段、教化的力度,让这些正确的理念成为工匠的操守、成为工匠灵魂。

2. 弃旧图新,在扬弃中升华

扬弃文化中的糟粕,保留精华,时代在变,文化的规范也需

塑造工匠精神

要进化。例如：

送礼文化。不知道从什么时候开始的，送礼成了"攻关"的手段，将"礼尚往来"变成了"送礼往来"，用钱砸权，利益输送得多了，金钱就控制了权利运用，送礼文化演变为行贿受贿文化，"送礼往来"演变为腐败往来。

创新方案：提倡用实力攻关，以诚信交往，用契约保障，不走歪门邪道。

上供文化。腐败很可怕，更可怕的是腐败成文化！无意识的腐败最可怕，黑色收入变成"灰色收入"，反规则变成潜规则。少数人腐败不可怕，就怕腐败成文化，文化腐败、是全员腐败、全方位腐败、全过程腐败、是自觉自动自发地腐败。

创新方案：提出新的理论，否定旧的理论；建立新规则抛弃旧规则；培育新行为取代旧行为。领导带头，一切按规矩办事，凭能力挣钱，走正道，行正义。

狼文化。狼文化曾经在某些企业中盛极一时，狼文化的精髓是让员工自己学习狼的行为：自强、团结、坚韧，负责的优点，他们认为"一个团队要发展，没有贪、残、野、暴的精神是不行的。"当企业学会了贪、残、野、暴，制造的是假、冒、伪、劣，行为是坑、蒙、拐、骗，只有兽性，没有人性，坏了规矩。

创新方案：必须抛弃狼文化，要人性不要兽性！要文明不要野蛮。

3. 弃旧换新，在改善中发展

我们要破除在科技创新上存在的"只许成功，不许失败"的老观念，大力营造宽容失败、鼓励创新的文化环境和氛围。

用现代科学的理论和方法解释经典，给经典以现代的意义，给经典找个科学的根据，为塑造工匠文化所用。

在改善中创新。当现行的文化无法适应新形势的变化，不能推动发展时，就必须对原有的文化重新构造，赋予经典以现代的意义，以适应组织的发展，应对环境的变化。

4. 吐故纳新——在吸纳中丰富

去掉经典中不符合塑造工匠精神的解释，加入符合塑造工匠精神的解释。重新解释、重新定义，按工匠精神的标准进行创造性整合，实现创新性发展。客观规律是文化的终极标准。

文化复兴不是文化复古！文化复兴不是照搬经典。文化复兴的关键在文化创新、文化再造，使文化与时俱进。

在融合中丰富。将两种以上文化中的优秀成分进行整合，使其升华。例如，儒家的情感文化主要靠感情维系人际关系，优点是表面热乎，开始心里热乎。缺点是利益关系模糊，算不清的利益账导致相互报怨，甚至冷漠。契约文化，用契约维系人际关系。优点是利益关系明确，相互认同。虽然开始严肃冷漠，但最终能够降低交易成本，使交易能够有序可持续进行。

优点整合：亲人交往重情感，公共交往重契约。划定适用范围。文子曰："私志不入公道，嗜欲不挂正术，循理而举事，因资而立功，推自然之势，曲故不得容。"意思是，私人意志和情感不能用于公共规则，个人爱好、偏好不能影响正常的工作，一切按规矩办事，凭能力建功立业，推行自然正道，歪门邪道必须禁止。

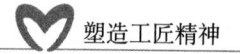

5. 在比较中创新

一是与客观规律的标准作比较，找出差距，改进差距就是创新。客观规律之文规范的行为一定是可普遍化的行为，一种行为如果不能普遍化地推行，一定是不符合客观规律的。二是与先进的文化作比较，既比较规范的行为，又要比较教化方法，学习先进文化的行为规范和有效的教化方法，就是创新。

本章小结：

塑造工匠精神依靠制度和文治教化，二者是并重的。个人依靠终极目标和现实目标来拉动，二者是合一的。刺激落后的进步用择优汰劣、吐故纳新，刺激不断进步用收益的增量与效益的增量成正比，刺激永远不停地进步用优秀文化建立信仰，信仰是符合客观规律的长盛不衰的理念，是塑造工匠灵魂和刺激进步的特殊方法。

工匠文化的重点在于创设统一的、永恒的工匠文化信仰，才能使组织具有永恒的发展动力。那些支离破碎的文化根本没有强大而永恒的动力。

优秀的组织以信仰凝聚人心，以文明教化野蛮，以律法规范秩序，以自强勤奋获得资源，以奉献提升价值，以博爱赢得人脉，以培养工匠型人才使组织蓬勃发展，千年永存。

下篇
现代工匠的自我修炼

第六章　现代工匠创新思维的自我修炼

第七章　现代工匠创新技法的自我修炼

第八章　现代工匠系统思维的自我修炼

第九章　现代工匠创新终极标准的自我修炼

第十章　现代工匠理性的自我修炼

第十一章　现代工匠哲学思维的自我修炼

第六章
现代工匠创新思维的自我修炼

现代信息化革命、智能化革命的创新时代,创新是现代工匠的重要任务,创新是工匠必备的能力。唯有创新才能提高生产力,唯有创新才能不断地创造精品,创新从创新思维开始。

塑造工匠精神

第一节 创新的基本概念

一、创新的含义

1. 创新的定义

创新是人们把世界上的物质和信息（思想、理论、方法、技术等）重新进行排列与组合，为了改善生活、推动社会进步，创造功能更强大、更简单、更快捷、更有实用价值的系统的一种工作。

创新是指人们发现或提出了新问题、新思想、新理论、新方法、新技术。哲学家怀特海认为，创新"表现为观念的重构、命题的实现和模式的引入"。

创新的本质是创新功能，人需要的不是物，而是更强大、更简单、更快捷的功能。创新首先要创造具有创新能力的人，创新的终极目的是创造新的生活，推动社会进步，解放人的劳动。

2. 创新与创造没有本质的区别

创造新事物的过程，简称为"创造"，还可以简称为"创新"，所以创新与创造同意。

二、创新的特点

1. 首创性

首创就是创造"第一个"。高度创造第一、角度创造唯一、程序创造统一、理论创造归一、知行创造合一、功能创造最优。创造前所未有的、与众不同的事物。首创性同时具有超前性。作为第一个永远超前于他人的认识、社会的认识。

2. 普遍性

事事需要创新。事事都有创新发展的空间,所以需要在创新中发展完善。

物物需要创新。相对变化的环境而言,万物永远是不完备的,所以需要在创新中生生不息,在"吐故纳新"的过程中实现可持续发展。

观念需要创新。因为真理是不完备的,所以需要在创新中完善。哲学家怀特海说:"没有全部的真理;所有真理都是一半的真理。想把他们当作全部的真理就是在扮演魔鬼。"

创新不仅存在于正规的、集中的科研领域,也存在于人类活动的一切领域。

3. 永恒性

人类的许多活动随着创新而改变,人类的很多成果也会随着创新而被淘汰,而唯有创新与人们永远相伴。所以说,创新具有永恒性,创新是人类的一种存在方式。

4. 社会性

创新的目标是为社会服务，创新的过程需要社会支持，创新的成果需要社会认同。

5. 求异性

创新具有求异性的特征。要产生具有前所未有的社会价值的创新，还必须不苟同于传统，注意找出其不同之处。

6. 艰巨性

工作艰巨。创新是一种与众不同的艰苦的劳动。选择了创新，就选择了坎坷，选择了创新，就选择了艰苦。例如从奥斯特的电生磁，到法拉弟的磁生电，用了十年时间。所以，人生最精彩的不是实现梦想的瞬间，而是坚持梦想的过程。

新事物有时很难被接受。爱迪生说："社会永远没有准备好去接受任何新发明，每样东西都会遭到抵制。通常要花几年时间，使人们听进发明家的话，还要等上几年，才能让发明的东西正式上市。"人们对新产品需要一个认识过程，对新理论需要一个理解过程，对新理论的接受过程更漫长。任何人都需要保持一个良好的心态，即使发现了客观真理，还得明白如何让人们接受它。

7. 实践性

创新是一种实践活动，从实践中来，到实践中去，并受实践检验。

8. 实用性

创新是为了产生实用价值。解放劳动力、提高效率、改善生活是创新的根本目的。

三、创新的基本理念

人人都有创新力。人的创新力可以通过教育、学习和训练激发出来，并且可以得到不断提高。一些所谓"无创新力"的人，并不是真的没有创新力，而是其创新力没有得到开发。吉尔福特说："创新性再也不必假设为仅限于少数天才，它潜在地分布于整个人群中间。"

事事都有创新。人类社会的任何事物都是创新的产物，一切现存的东西都不是十全十美的，都可以通过人的再创新改变得更好，并且可以创新出现实世界还不存在的更加完善的东西。

时时可创新。创新不受时间限制，想创新就创新。

创新方法不是唯一的。实现同样的目的，可以有许多种创新方法。

四、创新的分类

生活中处处有创新，种类很难分。分类的方法也很多，主要有思维创新、组织制度创新、技术创新、产品创新和营销创新等。

五、创新能力系统

人们要完成一件事,往往需要多种能力,所以创造力不是单一的某种能力,而是一个能力系统。依据系统理论,将创新能力系统分为动力系统和操作系统。

1. 创新能力的动力系统

创新精神是创新动力之本源,创新精神是人们的意识或欲望的反映。

(1) 精神动力。①理想目标,有志气有自尊,有造福于人类的精神、推动社会进步的责任、自我实现的理想(生存、安全和享受)。②敢于创新的精神。敢想、敢干、敢于实践。③虚心好学的精神。④百折不挠的精神,坚持不懈、达不到目的誓不罢休。⑤兴趣爱好,热爱是创新的最大动力!创新精神是永恒热爱!没有爱,什么事都做不了,大成功需要有大爱,有爱才有激情、才有灵感、才有坚持、才有力量。没有对创新狂热的爱,很难承受在创新过程中所遇到的艰难困苦。热爱就是为你的选择甘愿受苦!从意愿到渴望,从渴望到热爱,热爱产生意志,意志产生毅力。毅力产生能力。把感情灌进去,会爆发出强大的创造力。

(2) 自我管理产生动力。成功=目标+勤奋+毅力+方法+学习,所以要给自己"立法":①主动、自觉追求创新。②设立目标、制订计划、调整、激励。③乐观、积极向上。④追求真、善、美,不满足是创新的原动力。

2. 创新能力的操作系统

智力能力：注意、观察、感觉、记忆、思维能力、决策能力。

技术能力：发现问题的能力、选择问题的能力、抓住机遇的能力、操作能力、工程能力、智能技术运用能力、专业能力、沟通能力、合作能力、资源整合能力、调整和控制能力。

3. 创新能力的动力系统与操作系统的关系

在创新过程中，创新动力系统以目标为核心，对创新活动起着动力、定向、激励、维持、强化、调节等作用。创新操作系统以专业技能能力为核心，对具体创新活动起着加工、处理的作用。创新动力系统和创新操作系统协同作用，相互促进。如果没有创新操作系统的操作，创新活动就无法进行，如果没有动力的推动、维持、调节，创新活动不能发生或者即使发生也不能持续进行。即没有创新动力就没有创新力。所以，在给定环境下，创新效果是创新动力系统和创新操作系统相互作用的结果。

六、为什么需要创新

为了应对环境变化，为了提高企业的竞争力、推进社会进步、满足个人需求、满足市场需求、提高生产力需要创新。只有不断创新，才能实现可持续发展。

第二节 创新思维的立体化模式

一、创新思维的含义

创：破旧；新：立新；思：想；维：度。

创新思维就是运用更符合客观规律的思维方式、方法和角度思考问题。

创新没有固定的思维方法，也没有专门用于创新的思维方法。创新过程中要用到人类创新的全部思维方法。

二、创新思维的特征

自信性、批判性、独特性、认知性、好奇性、专注性、想象性、突发性等。

三、创新思维的立体化模式图

思维模式与客观存在的事物相结合才能更有效。客观的事物都具有立体的形状,所以思维模式也应该是立体化的。良好的思维方法能使我们更好地发挥运用天赋的能力,而拙劣的方法,则可能阻碍才能的发挥。

立体化思维模式是一种多层次、多维度、多角度、全方位、开放式的思维,如图 6-1 所示。

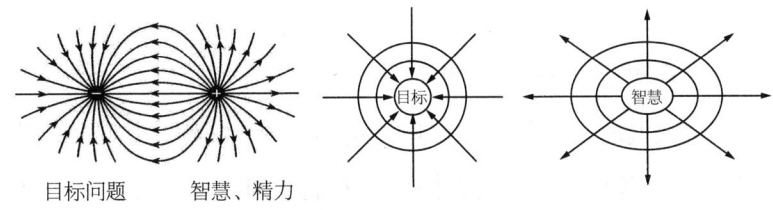

图 6-1　立体化思维模式

这种思维模式图类似于电荷电场中电力线和等位面的示意图。图中各球形面表示思维的层面,各射线表示不同角度的思维途径。箭头向外的可称作发散思维,箭头指向中心的可称作集中思维。

发散思维是让思路朝各个不同方向探索新路子,不受原有知识圈和条条框框的束缚,提出更多的新设想。集中思维是对发散思维提出的多种设想进行整理、分析、选择,缩小探索区域,再选出其中最优的设想加以深化、具体。其余设想中的可行部分也拿来补充,最终取得一个最佳方案或决策。

在图 6-1 中的"+"表示我们的智慧,"-"表示我们的目标问题,面对一个问题,我们可以有多种智慧去解决,不能"一根筋"。

我们的智慧都要对准目标问题。管理目标要专一,在同一时间段内,目标多了就容易目标漂移。运用立体化思维,要始终从

事物的整体与部分、部分与部分、整体与环境的相互联系和相互作用中，进行多侧面、多角度、多层次、多变量的考察。

四、立体化思维模式的应用

1. 集中思维——方案列举

方法创新——条条大路通罗马。遇事三方案，上策、中策、下策。从中选其优。有两条路时，左右为难；有三路时，才更好比较，才有选择。

【范例】商鞅说秦孝公（公元前361年）。

秦孝公求贤强国，商鞅去应聘，准备三套方案。秦孝公的宠臣景监引荐商鞅三见秦孝公。

第一次见面，商鞅还弄不清秦孝公的想法。他试探性地从三皇五帝讲起，还没说完，秦孝公已经打起了瞌睡。事后，秦孝公怒斥景监："你推荐的什么朋友，就知道夸夸其谈。"见到秦孝公的反应，商鞅明白了，"原来秦公的志向不在帝道。"

第二次见面，他又从王道仁义讲起，秦孝公的兴致比前一次好点了，但还是觉得不着边际，哈欠连天。商鞅明白了"秦公志不在王道。"

第三次见面，商鞅劈头就问："当今天下四分五裂，您难道不想开疆拓土，成就霸业么？"秦孝公立刻精神了，他要的就是霸道！听着听着，他不由自主地向商鞅靠拢。最后，秦孝公不再矜持，激动地握住商鞅的手："请先生教我。"说服了秦孝公，商鞅的强国大计在秦国获得了成功。商鞅的许多制度至今还被广泛采用。

启示 1：

（1）教练自己，学会编选择题；教练领导，让领导做选择题；教练下属，让下属编、做选择题。

（2）教练下属，要带着答案请示领导。基本步骤如下：

第一步：领导你好，我发现了一个问题，想出了三个解决方案，请领导帮我选择一下，看哪一个方案最好（领导最怕出问题，所以这不是一个选不选的问题，是选择哪一个的问题）。

第二步：让领导看你的方案，随时对领导的提问给予解释。

第三步：听领导对三个方案的评价。

第四步：就按领导说的办，我一定做好！

启示 2：不会思考问题，就不会解决问题。路选三条求大道，事想三策择最佳。在古代，建议不用为无功，建议不当为有罪。所以谋士要出三个策略，让上司选择，让上司参与到决策中来，最好的方式是让上司能小修改一下才完美，给别人留余地。

上策：最好的解决办法，各方面都很满意，都没损失。

中策：较好的解决办法，多数人满意，不满意的人对大局也没有太大的影响

下策：只解决最核心的问题，牺牲了其他方面相当大的利益，对以后的发展有一定的影响。

2. 集中思维——缺点列举法

思维实战：列举身边事物的缺点，为什么产生这样的缺点？寻找问题的原因。为什么会产生这样的问题？并提出改进的方案。

3. 集中思维——缺点、优点并举法

思维实战：列举身边事物的优点，为什么产生这样的优点，并提出推广的方案。

在管理创新中，有时我们不但要找出事物缺点，还要找出事物的优点，克服缺点，发挥优点。

【范例】优化空间利用，建设城市生态园林和生态社区。

城市的健身公园、企事业单位的院子、城市的住宅小区等都有绿化地，这些绿化地多数是种的可供观赏的花、草、树木。

（1）生态的基本标准。研究问题从确定标准开始，没有标准就没有问题。生态的基本标准如下：

生态系统遵循物质循环规律，如水循环、空气循环等。

生态协调平衡。①功能平衡；②结构平衡；③输入（投入）与输出（产出）平衡。

不许污染，防止环境污染。

不许浪费。资源利用最大化，能量消耗最小化。充分发挥资源的利用潜力，实现生态效益与经济效益协调发展。

（2）现有园林的常见缺点：输入与输出不平衡。这些绿地都需要前期的投入和一定的维护费用，不能自养。种的花、草、树木，花不能用，草不能吃，树不结果。只具有观赏功能，没有实际经济价值。

种草坪一费钱，二费工（经常浇水）。

种草坪浪费土地，城里种草坪，农村育草坪，种一块草坪，浪费两块土地。

多数园林的雨水不能得到充分利用，下雨时把雨水排掉了，没有贮水系统，天旱时用自来水浇灌，浪费水资源。

（3）改进方案：绿化种花不种一般的花，改种药材花；种草改种有药用价值的草、种树改种有食用价值的果树等。将城区内的公园、住宅小区内的各片绿地，根据具体地理环境，设计成各种果树园（如桃花园、梨花园、葡萄园、山楂园、石榴园等）和药材花园等。让田园走进城市，让城市包围田园。使公园、社区、矿区变成生态园、桃花园、果树园、药材园，春天看花花飘香，夏天看绿绿荫荫，秋天看果果累累，秋天的果园就成了采摘园，在绿化景观中，秋季的累累硕果更能让人们体会到春华秋实，丰收时的喜悦心情。融观赏与食用为一体，种植与锻炼为一体，让费钱的草地增值，让费工的草地有用。充分发挥叶、花、果的观赏价值和经济价值，将"生态、低碳、绿色"的概念进行到底。

随着人们生活水平的提高，对城市绿化、美化的要求也在发生不同的变化，要求在绿化、美化过程中不仅讲究树种的观赏价值，同时也要考虑它的经济价值。

省钱的方案。公园的绿地可以承包给种植专家，社区的绿地可以优先承包给业主，物业管理部门提出种什么药材类的花，种什么药材的草，种什么果树等，提标准、提要求，物业管理部门只提供免费土地，不提供种子，也不发工资，谁种谁收获成果。签合同，种好的允许种，种不好的收回，转让他人种。各单位绿地，本单位员工业余时间有能力、愿意种的自己种，自己收获。社区的业主，各单位的绿地，不能自己种的，免费包给专业的农民，按物业管理部门的要求种，不用花一分钱。在这些绿地附近建设贮存雨水的水池或水窖，用雨水浇公园内的绿地，实现雨水的综合利用。

（4）本方案有四大优点，①省钱。一是省去了前期的投入费用，按2015年的市场价格计算，每平方米绿地平均每年可节省约20元钱的费用，全国有大量这样可以改进的绿地，省出来的钱就非常可观了；二是省去了这些绿地的维护和管理费用。②省地。省去了培育草坪的土地，草坪一般五年需要更换一次，城里种一平方米草坪，平均每年培育草坪的土地约为0.2平方米，全国需要多少培育草坪的土地，具体的管理部门可以精确地计算出来，也是一个相当可观的数字。③实用。既美化绿化环境，又符合低碳环保理念。④消除了"公地悲剧"。过去园林的维护工是受顾于人，给他人干活，不一定完全尽心尽力，现在的园林工是给自己干活，所有的收益都是自己的，当然会尽心尽力了。

业主要的是观赏价值，绿地管理者要的是经济价值，业主可以省去维护和管理的费用。

只要我们用心去想，用心去做，处处有效益。随着人口的增多，土地的急剧减少，生存空间越来越小，平均每个人没有一亩三分地了，这个方案是一个只省不赔的方案，一定会被采纳的，只是时间问题，早采纳的，省钱出经验，晚采纳的，费钱受抱怨。

4. 集中思维——集中精力，成就大业

聚焦目标，用心专一。人的能力是有限的，不能各种行业都精通，同一时间内，只能有一个核心目标。

5. 发散思维——技术创新

我们提倡环境保护，利用清洁能源，太阳能是取之不尽、用之不竭的永久能源，以下列举了九个利用太阳的事例，如图6-2所示。

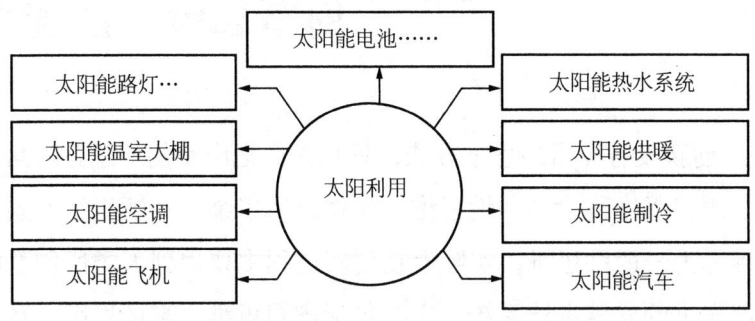

图6-2　发散思维的应用

第三节 创新思维方法统综

创新没有专用的思维方法,只是人们把启发创新思路时常用的非逻辑思维称为创新性思维,而将逻辑思维、辩证思维、系统思维称为一般性思维。实际上在创新过程中要用到人类所创新的全部先进的思维方法系统,主要包括逻辑思维、辩证思维、系统思维、非逻辑思维等,图6-3所示。

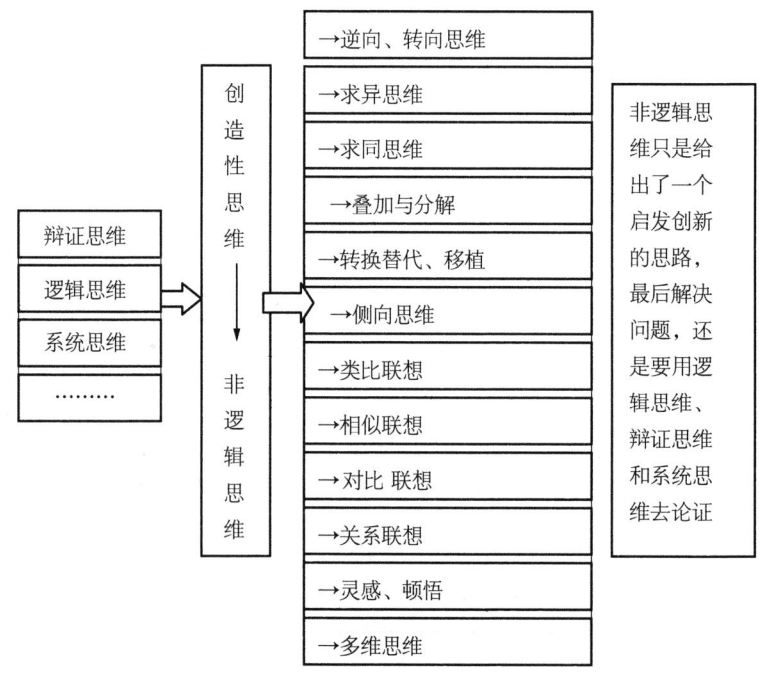

图6-3 创新思维方法系统

下面我们将这些创新思维方法做一个简单介绍：

一、辩证思维

辩证思维就是运用辩证法三大规律（即对立统一规律、量变质变规律、否定之否定规律）和辩证法的四大方法（即观察实验方法、逻辑推理方法、矛盾分析方法、归纳演绎方法）进行思维。

辩证法规律揭示的是极限本质之间的联系，是抽象程度最高的产物。运用辩证思维，要求把研究对象看作是运动的、变化的、有联系的或处于联系中的有机体，全面地、综合地、动态地、系统地考察事物。

二、逻辑思维

逻辑思维形式主要指抽象概念、推理（演绎推理、归纳推理、数学推理、概率推理）判断等。逻辑思维的方法主要指归纳法、演绎法、分析法、综合法、比较法、概括法等。

三、系统思维

系统思维是创新过程中最重要的思维方法，一切伟大的发现都离不开系统思维。

系统思维是把所研究和处理的对象当作一个系统，分析系统的结构和功能，研究系统、要素、环境三者的相互关系和变动的规律性，并提出优化系统的方案，如图6-4所示。

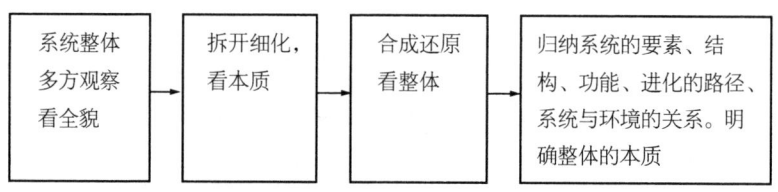

图6-4 系统思维的基本流程

四、非逻辑思维

创新性思维也叫非逻辑思维，一般性思维是建立在已有的经验和知识的基础上去发现问题，而创新性思维对提出问题、解决问题的要求是必须有开创性，追求新颖、先进、实用、巧妙，而不受已有的经验和知识所形成的定势束缚，所以它能给已有的经验知识带来新的成分。

创新性思维则以想象、灵感、猜测等非逻辑思维形式为核心，而不受逻辑思维所形成的某种固定的、先入观点的影响，使创新性思维在那些似乎不合逻辑的地方发现了新现象，创造了新价值。下面介绍几种常用的创新性思维方法。

1. 想象

想象是头脑中对已有知识（表象和概念）进行加工、改造、重新组合，形成新形象的心理过程。爱因斯坦说："想象力比知识更重要。因为知识有限，而想象力概括世界上的一切，推动着进步，并且是知识进化的源泉。"想象是自由的，没有边界的，不受时空及条件的限制。想象具有思想实验的功能，人们想要做的事情，可以先在头脑中演习一遍。人们想做而没有做到的事情，可以通过想象在头脑中完成。

2. 联想

联想就是联系起来想。由一个事物想到另一个事物的思维形式叫作联想。联想中的事物可以是客观存在的，也可以是虚构的、想象中的。

联想和想象都具有扩散性的动态跳跃性的特点，可以自由地、全方位地进行思维活动。具有多层次、多方位、多角度、多方式性，不拘一格、不守一式、受时空及条件限制的特点。从一个形象变到另一个形象可以是连续的，也可以是不连续的，可以无中生有，可以由静变动。

3. 灵感

灵感是人们在学习、创新活动中，为找出问题的解决办法或一个满意的答案而长期冥思苦想，忽然得到某个事物、语言或信息的启示（中介物也可以是记忆中的或想象中的），使问题迎刃而解。这种现象称为灵感，也叫顿悟。灵感的特点是：

（1）来得突然、直接（未经逻辑推理），去得迅速。要注意捕捉，不能让它白白溜掉。

（2）你不追求，它不会出现。钱学森说："人不求灵感，

灵感不会来。"

(3) 一般说来，灵感思维的结论具有不确定性，需要用逻辑的方法将其推展开，加以验证，使之臻于完善。

灵感是长期辛勤思考的结晶。只有经过长期全神贯注地思考、探索、实践，在头脑里有大量的信息输入、贮存和加工，这些知识信息一旦受到某种刺激，就会像闪电一样，迸发出思想的闪光。

4. 逆向思维

（1）逆向思维就是从逆向去探求，从相反的方向去思考。从反面去认识事物，引出新思路，往往会产生超出常规的构思和不同凡响的新观念。在思考问题时，如果从正面不易突破，就从相反的方向去探求，常常可以收到意想不到的效果。

（2）逆向思维是辩证法对立统一规律的体现，一切事物都是由对立的两个方面构成的，互相依存。

5. 求异思维

求异就是寻找不同点。在解决问题时，从新的与众不同的角度看问题，独出心裁，另辟蹊径。求异思维也具有扩散性，可以从多方面、多角度去求异。

6. 求同思维

求同就是寻找共同点。求同思维的依据是，天地大一统，万法万相，同根同源。求同思维的创新性在于寻求万法归一。

7. 合成与分解

合成的含意包括联合、组合与叠加。合成就是把相同或不同的事物按照一定的规律或方式组合起来。

分解是合成的逆过程。分解的目的很多，有时为了求得新发展或将分解部分进行新的组合。通过分解，可以看清整体的内部结构，找出各部分的本质属性和彼此之间的关系，以实现认识整体、改造整体、利用整体（或其中一部分）的目的。

8. 转换与替代

转换与替代指的是思维的通变性。解决问题时，要以多路思维代替单路思维，这种办法不行，用别的办法，不要"钻进牛角尖"，要及时转换思维的角度，寻找替代方法，遇事则权（权衡利弊），不通则变，做到通权达变，不死守常规，采取灵活多变的方式寻找解决问题的办法。数学中的换元法叫代数，从数学的角度说，转换有无数种，一直换到满意为止。转换主要有以下几种类型：

元素转换。元素是指构成事件的要素，元素转换就是更换元素，使问题得以解决，如曹冲称象是大象与石头转换，测量不规则容器的容积，是将容器中装满水，然后再将水倒入标准的容器中，用的都是换元法。

方法转换。采用新的方法解决问题，追求实用、巧妙。利用方法转换寻求一题多解较有效。

目标转换。目标转换包括放弃原目标和将原目标扩大或缩小。事物的发展往往有多种可能，但我们常常习惯于只看到一种

可能，而看不到其他可能，更看不到相反的可能。目标转换要求开阔思路，从各种角度分析事物的各种可能性。

角度转换。改变看问题的角度

定义转换。改变对事件的定义。

时间转换。变换时间的长短，先后顺序等。

空间转换。改变元素的位置。如设备位置调换等。

9. 侧向思维

侧向思维是指在研究程中把注意力转向外部因素。在局外信息的启发下，进而产生创新设想的思维方法。

本章小结：

思维代表存在，"我思故我在"。思法决定活法，思路决定出路。思维能力在于练习，要给自己留出思考的时间。创新思维要与客观规律相合，所以要立体化思维、系统思维、动态思维、辩证思维、全球化思维。

在创新的殿堂里，大凡能登上一席的，往往都是一些标新立异者。他们往往独辟蹊径，自成一家。

第七章
现代工匠创新技法的自我修炼

创新技法是现代工匠的必备工具,工具是提升工匠能力的重要资源,人巧不如工具妙。最有价值的知识是关于方法的知识。巴甫洛夫说过:"科学随着方法学获得的成就而不断跃进,方法学每前进一步,我们仿佛上了一个台阶,于是我们就有了更广阔的视野,看到从未见过的事物。"

塑造工匠精神

第一节 创新技法统综

目前流行的创新技法有数百种,名称也不统一,使学习者感到繁杂,难以把握创新技法的整体结构,不利于广泛应用。依据系统理论,系统是相似的,道理是相通的。一切知识必须系统化、简单化、智能化,才能被普遍应用。

所谓创新不过分合而已。通过分合求变,在观念重排中求变,在命题(问题、目标、功能)的实现方案中求变,在新的模式(管理模式、技术模式、数学模型等)引入中求变。

变得更精、更巧、更优、更简单、更适用是创新的灵魂。为了便于学习和应用,我们将这些创新技法归纳为一个系统图,称为"创新技法统综"。

我们要学会这种万法归一、一法化成万法的方法,使知识系统化。系统化的知识便于记忆,记忆是大脑赖以创造的基础,在某种程度上,好记性等于成功,没有记忆就没有创造,如图7-1所示。

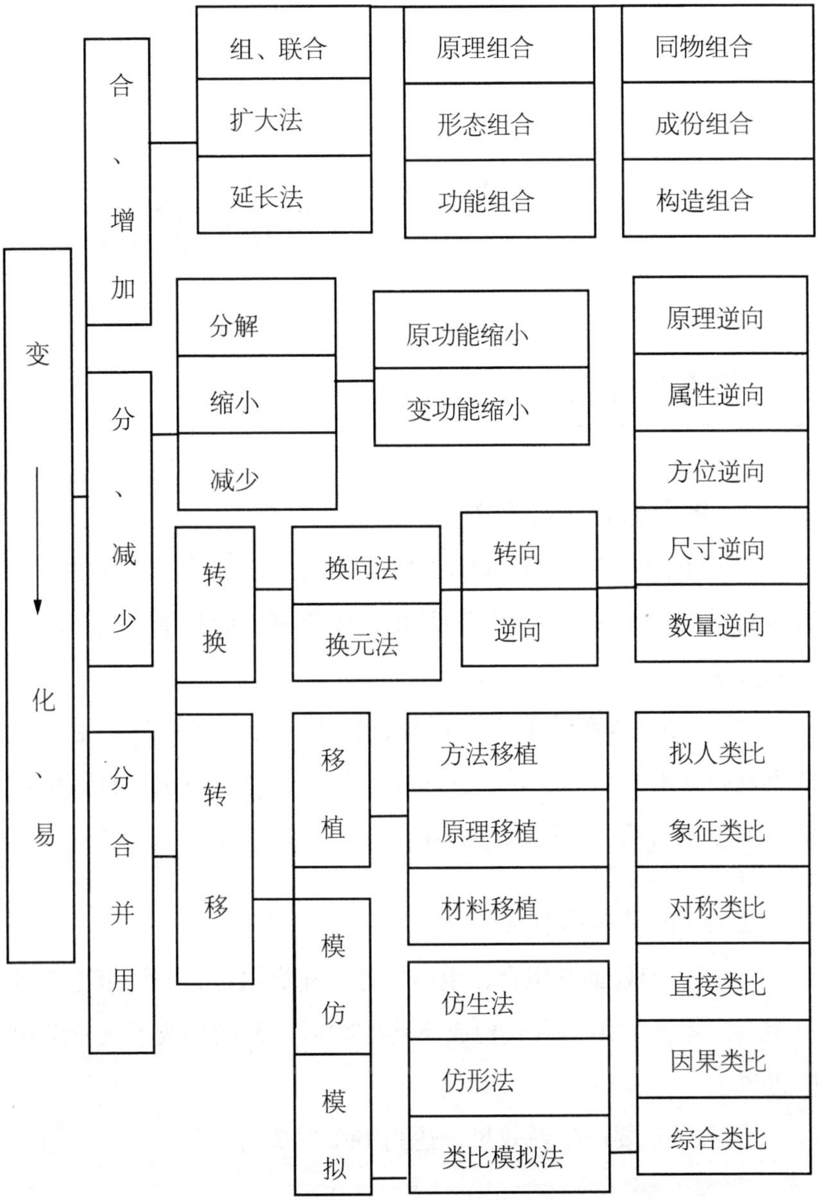
变
化、易
合、增加
组、联合
扩大法
延长法
原理组合
形态组合
功能组合
同物组合
成份组合
构造组合
分、减少
分解
缩小
减少
原功能缩小
变功能缩小
原理逆向
属性逆向
方位逆向
尺寸逆向
数量逆向
转换
换向法
换元法
转向
逆向
分合并用
转移
移植
方法移植
原理移植
材料移植
模仿
仿生法
仿形法
模拟
类比模拟法
拟人类比
象征类比
对称类比
直接类比
因果类比
综合类比

图 7–1　创新技法统综

第二节 创新技法的应用

一、组合创新法

1. 组合创新法的定义

组合创新法是对两种以上的学说、理论、技术、产品的一部分进行适当的整合,以形成新理论、新方案、新技术、新产品的创新方法。

组合可以理解为联合、增加、扩大、延长等意思。组合类的创新技法有功能组合法、原理组合法、构造组合法、材料组合法、成分组合法、同物组合法等。

2. 组合创新的特点

世界上到处都有组合,生活中处处充满组合,一切事物都可以组合。不同的组合方式构成不同的物质,共同构成了五彩缤纷的世界。

组合一定要产生新效果,达到 1+1 > 2 的飞跃。

3. 管理创新中常用的组合法

模式引入法。就是在某一主体事物内插入另一事物的理论、技术因素，使原来主体事物的理论、技术因素功能增加的一种创新方法。比如本书就是将自然科学、哲学、社会学、心理学的理论引入了管理创新。

原理组合法。如物理学的原理与管理学的原理组合。

功能组合法。通过功能引申、功能渗透或功能叠加，设计出新事物的方法叫作功能组合法。组织系统结构优化时常将两个部门合在一起。

二、分解创新法

1. 分解创新法的定义

分解创新法是将一个事物的整体进行拆分、细化，使分解出的每一部分都成为一个新的整体，产生新功能、实现新价值的一种创新方法。

分解可以理解为拆分、细化、缩小、减少等。分解法是组合法的逆向思维，有多少组合法就有多少种分解法。

2. 常用的分解创新法

流程分解（技术分解）。把完成一件事的各个步骤分给不同的人来完成，要制定好合作联系方式和原则条件，一可以使技术变得简单而专业，提高效益；二可以控制腐败，前后上下相互制约，合作与制约相辅相成。

解剖问题分析法。把研究对象作为一个整体，然后按构成问题的因素进行分解，通过对各个因素的分析来界定问题的性质，

从而深入把握存在问题的原因,为采取相应措施提供依据。

概念分解。把概念作为整体,对构成的因素进行分解,通过对各个因素的分析来确定概念的本质特征和边界,从而定义概念。

在管理中常用的分解法还有目标分解、职能分解、责任分解、成本分解等。

三、分合并用创新法

1. 分合并用创新法定义

分合并用创新法是将一个整体分解后、再组合成为一个新的整体、实现新功能的创新方法。

2. 分合并用创新法的延伸

分合就是转换,换有换向法、换形法、换元法等;换向包括转向和逆向,逆向类的创新技法有原理逆向法、属性逆向法、方位逆向法、尺寸逆向法、数量逆向法等。换元法包括替代法、等价变换法等。

分合并用可以实现转移,转移有移位、移植。移植类的创新技法有移植方法、移植原理、移植结构、移植材料、移植基因等。如果移植是一部分方法或一部分原理,那就是模仿,模仿类创新技法有仿生法、仿形法、类比法等。

某一事物的原理、特性、方法、现象、结构等,可能在另外的事物上具有同样的意义,甚至具有更加重要的创造性意义,因此只要设法将某一事物的原理、特性、方法、现象、结构等移植过来，就可能产生创新。例如，将自然科学的知识和系统论、控制论的方法用在管理学中，促进了管理学的发展。

四、形态分析组合法

1. 形态分析组合法的定义

形态分析组合法（也叫要素分析法）是将创新课题（需要解决的问题，即创新对象）分解为若干相互独立的基本要素（又称变数），找出实现每个因素功能所要求的可能的技术手段或形态（解决方案），然后加以排列组合，由此可以得到许多可能的解决问题方案或创新设想，最后筛选出最优方案。

2. 形态分析组合的一般步骤

（1）确定创新对象：准确表述所要解决的课题，包括该课题所要达到的目的及属于何类技术系统等。

（2）分析基本因素：确定创新对象的主要组成部分（基本因素），编制形态特征表。确定的基本因素在功能上应是相对独立的，在数量上应以3～8个为宜，数量太少，不利于分析；数量太多，组合时过于繁杂很不方便。

（3）分析形态：揭示每一要素的所有可能的具体解决方案（即每一形态特征的可能变量），应充分发挥各种思维能力，尽可能列出本专业领域的或是其他专业领域的所有具有这种功能特征的技术手段。

(4) 编制形态分析表（矩阵）。

以基本要素为列，各要素的具体解决方案为行，编制形态分析表，每一形态用 P_{ij} 编号，其中 i 代表因素，j 代表具体形态。

形态排列组合：从每一行中取一个形态，组合在一起就是一种解决问题的整体方案。根据对创新对象的总体功能要求，分别把各因素的形态一一加以排列组合，以获得所有可能的组合设想。

评价选择最合理的具体方案：选出少数较好的设想后，通过进一步具体化，选出最佳方案。

形态分析法具有形式化性质，它需要的主要不是创新者的直觉和想象，而是依靠创新者认真、细致、严谨的工作及精通与创新课题有关的专门知识。

该法有较高的实用价值，不仅运用于创新，而且也适用于管理决策，科学研究等方面，从而引起人们的普遍重视。

五、头脑风暴法

1. 头脑风暴法的定义

头脑风暴法又称智力激励法，是为了开发管理创新和技术创新的方案，组织一群特定的人，以会议形式围绕一个特定的兴趣领域（目标），通过信息强化和刺激、引发想象和联想、引起思维扩散和共振，在短时间内诱发大量的创新设想而使用的一种方法。头脑风暴法由美国 A·奥斯本所创，适用范围广泛。

2. 会议组织形式

每一组参加人数一般为 5～10 人，最好由不同专业或不同岗位者组成。

会议时间一般控制在 1～2 小时左右。

设主持人一名，主持人只主持会议，对设想不做评论。设记录员 1～2 人，要求认真将与会者每一设想不论好坏都完整地记录下来。

六、检核表启发创新法

1. 检核表启发创新法的定义

检核表启发创新法就是根据创新的目标（创新设计的对象），为启发创新思路，防止遗漏，将所要检查考核的项目列成表，从多方面列出有关问题，然后加以分析、讨论，从而确定出最好的设计方案的方法。

2. 工作检核表

管理工作中最常用的、催人奋进的是每天的工作检核表（工作计划），就是在昨天晚上将今天所要做的事，按先后顺序列成一个表，放在自己的身边，完成一件勾掉一件，今天没完成，总结原因，放在另一时间完成。这种方法使人天天有目标，天天有成果，推动人不断地向前奋进。

3. 创新切入口检核表

产品渐进式连续创新切入口如图 7-2 所示。

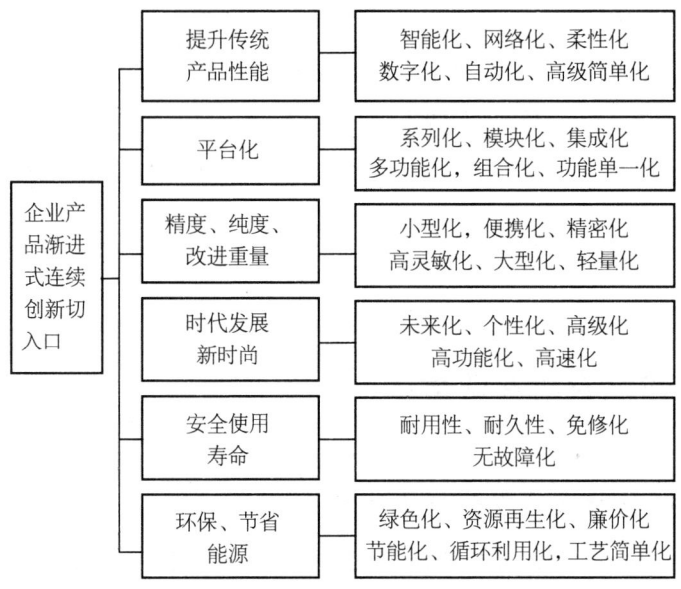

图 7-2　企业产品渐进式创新的切入口

七、设问启发创新法

1. 设问启发创新法的定义

设问启发创新法是指根据创新目标对所创造对象全面地提出问题、不断地追问、启迪创新思维、寻找创新途径。

用集中思维和发散思维设问，方式灵活、角度多变。

管理创新中常用的设问方法有，按思维的流程设问，按管理创新的导向流程进行设问，按万通七步操作流程设问等。

八、模仿创新法

1. 模仿创新法的定义

模仿创新法就是根据创新标准的需要、寻找选择世界上一切事物中的有用的优点,根据自己的条件进行改造和升华,创造出新理论、新方法、新产品的方法。

技能之学,模仿第一。模仿是第一学习方法,模仿是第一创新方法,模仿不是照搬,在模仿中创造,在创造中提高,在提高中超越。模仿创新的灵魂在于超越。模仿世界第一才能成为世界第一,想成为世界第一就模仿世界第一的规则,天地是第一大宗师!直接模仿天地中的客观规律,超越世间的一切!

2. 常用的模仿创新方法

人类的一切知识都是对自然万物的模仿。一切有用的都可以模仿,常用的模仿创新法主要有仿声、仿形、仿理等。模仿海豚的形状,全世界的交通工具都变成了流线型。电脑是对人脑的模仿,机器人是对人的模仿。

九、类比模拟创新法

1. 什么是类比模拟法

类比模拟法就是"择类比较推理法",简称类比法,类比法是指由一类事物所具有的某种属性,可以推测与其类似的事物也

应具有这种属性的推理方法。其结论必须由实验来检验,类比对象间共有的属性越多,则类比结论的可靠性越大。

1)类比模拟推理的基本模式

A 对象中有 a、b、c、d。
B 对象中有 a′、b′、c′。
那么,B 对象中可能有 d′。

2)类比法的理论依据

类比法的理论依据是系统论。系统动力学认为系统是相似的,各种类型的系统都存在着结构与功能上的类似性,即可以用类似的规律和行为模式来描述看来似乎属于截然不同领域内的事物与现象。

系统的类似性,决定了不同的系统之间存在着相同的研究模式与方法,这就是结构—功能模拟方法。利用系统类似性进行学习和创新是非常有效的。

3)类比法的特点

类比法应用广泛。生活中处处有类比。买东西货比三家用的是"类比",辨别真假、优劣用类比,学习知识用类比,只有"触类"才能"旁通"。

类比的结论是或然的(不是一定的),是需要实践的检验和证明的。

4)类比法的操作程序

择类。依据此类选择彼类,根据需要特性进行选择。择类就是选择样板。

比较。"比"是类比的基础，在分析中比较，"比"既要比共同点，也要"比"不同点。对象之间的共同点是类比法是否能够施行的前提条件，没有共同点的对象之间是无法进行类比推理的。

推理。通过综合分析、归纳和演绎进行推理，共同点多，可以推出结论。

检验。类比推理是一种或然性推理，前提真结论未必就真。所以类比推理得出的结论需要实践的检验。

基本要求：择类正确，比较深刻，推论合理，验证真实。

2. 怎么运用类比模拟法创新

1）用已知熟悉的与未知的相比——管理方法创新

【范例一】员工违反了制度，批评处理伤感情，不批评处理坏制度，怎么办？

【解决方案】用外科医生手术治病的过程与领导批评员工的过程进行类比。

手术的过程是，打麻药，开刀，打消炎针和吃消炎药。

如何批评员工，而使员工乐意接受呢？

第一步"打麻药"。肯定人格，赞美优点，是维护企业制度的榜样。当人受到赞美时理智就减弱。

第二步"开刀手术"。指出缺点，提出改进意见和建议。

第三步"消炎"。再一次肯定人格，鼓励以后的行动，建立信心。比如，我相信你这次一定能做得更好，祝你成功。

应用时要根据具体人、事、时间和地点，采用合适的语言，随机应变创新。

2）用形象的与比抽象的相比——沟通方法创新

用形象的事物与抽象的事物类相比，更容易理解和接受。

【范例二】在沟通时，如果对方的观点是不合适的，而且与自己的观点正好相反，直接否定对方的观点肯定行不通，怎么办？

【创新解决方案】模仿农民弯柳条的方法，一点一点地转折，转半个圆方向就变过来了。

操作方法：转圆合一，否定从肯定开始。良药不必苦口，忠言不必逆耳。用诱导否定法，否定从肯定开始，否定=肯定+转移+再转移。

表达不同意见时，采用"合一架构"。用"很赞同……同时……"的模式表达。就算并不赞同对方的想法，但还是要仔细倾听他话中的真正意思。若要表达不同的意见，绝不能说："你这样说是没错，但我认为……。"应该说："我很感激你的意见，我觉得这样非常好；同时，我有另一种看法，来互相研究一下，到底什么方法对彼此都好……。""我赞同你的观点；同时……。"我不说"可是，但是……"，因为这两个词句会中断沟通的桥梁。

"合一架构"有三层意思：站在对方的立场看问题，易达契合。建立一个合作的架构。为自己的看法开一条不会遭到抗拒的途径。

沟通的重点是先统一频道，沟通高手都有方法"进入别人的频道"，让别人喜欢进而博得信任，表达的意见也易被对方采纳。

十、综合法

综合法就是综合利用各种方法进行创造。在创新技法系统中，所列的一些基本技法，还可以经过分合变化后产生一些新的技法，而这些技法不过是基本技法的变化而已。有时尽管叫法不同，但万变不离其宗。在运用这些技法进行创新时，有时需要两种以上的技法综合运用。有时我们在分析一个创新实例时，会发现说它运用的是这种技法可以，说它是运用的另一种技法也通。其原因就是这些技法是相通的。

我们看过创新技法统综之后，再看看我们周围的事物，如果能对每一种技法举出三个以上例子，那么我们就初步学会了创新技法。如果能将这些技法运用到工作中去，那就再好不过了。

把简单的方法运用到极致，达到出神入化的程度，需要不断地反复演练，不断地在创新的实践中检验才能收到很好的效果。创新长空的闪电，大漠的惊雷，是风云变换的结果。创造的灵感，工作的业绩，是日积月累的结果。创造与和谐兼美，工作与享受同在。只要创造精神与创造行动合一，一定能创造出理想结果。

本章小结：

工匠创新离不开技法，创新技法能够提高工匠的素质。本章的重点有两个，第一熟练掌握创新技法统综，不用刻意记，只要记住一句话，所谓创造不过分与合变化而已！然后将所有的启发创新方

法演绎出来,每一门知识都能这样做,会大大地提高创新的水平和智慧。第二是通过熟悉设问法,进一步熟悉管理创新的三大流程,即思维的流程、导向流程和万通七步操作流程,这是管理创新的核心内容,掌握了它,可以提高我们做一切工作的水平。

所谓创造不过分合而已,巧用分合之变,创造无可穷尽!正可谓"天机云锦用在我,剪裁妙处非刀尺。"人间万物本相似,妙悟勘破分与合。创造有法而无定法,"法法而胜者为之明,铸法而胜者为之圣"。从学用成法到创造新法,要"与时迁移,应物变化"。

第八章
现代工匠系统思维的自我修炼

系统思维是现代工匠必备的工具，运用系统思维会使人看问题全面、精细而深刻。系统思维是一切创新思维的重要理论依据。宇宙、自然、人类，一切都在一个统一运转的系统之中！一切伟大的创新都必须以系统作为出发点。

因为系统思维的方法太重要了，我们给出的系统功能公式和万通七步工作流程都是根据系统的理论推导出来的，所以我们单列一章来介绍。

第一节 系统的基本概念

一、系统的定义

一般系统论通常把系统定义为：系统是由相互联系的、相互作用的、若干要素结合而成的、在一定环境中具有特定功能的有机整体。

在这个定义中包括了系统、要素、结构、环境、功能、演化等概念，分别介绍如下。

1. 万物皆成系统

世界上任何事物都可以看成是一个系统，系统是普遍存在的，大到茫茫的宇宙，小到微观的原子，都是系统，整个世界就是系统的集合。

复杂系统都是开放系统，与环境存在物质、能量和信息的交换，系统的形成、保持和演化发展需要从环境中获取资源和条件。

2. 系统的要素

要素就是系统的基本组成部分。要素有时也叫单元、组件或子系统等。由于系统可以划分为不同层次的要素，所以，要素具有相对性。

3. 系统结构

系统结构是系统内部各要素之间相互联系、互相推动、相互制约、互为因果的组织方式的总和。

4. 系统的外界环境

系统环境的定义：环境是系统之外的、控制系统的、与系统有能量交换的更大的系统。系统之外的与系统有关联的事物的总和构成了该系统的环境。

系统与环境的关系是层次嵌套关系，即环境是系统上一层的更大系统，或者称为母系统。

环境对系统的作用。环境是系统赖以生存的条件，环境（大系统）对系统（存在、功能、演化等）进行选择和控制。大系统选择、控制小系统。环境要求系统必须有输出功能，即满足环境的功能需求是系统存在的条件。小系统向大系统模式（规则）进化，系统必须主动适应环境。自然界是根据部分适应整体，整体又作为部分适应更高层次的整体的原则构建的。

创新应用。因为小系统向大系统模式（规则）进化，所以用宇宙客观的法则教化民众更直接、更正确，而用某个人的思想教化民众常常会有偏差。转变观念，小系统必须接受大系统的管理与控制，否则将被环境所淘汰。员工必须服从企业的管理，否则就得换个地方生存了。转变思想，没有绝对的自由，系统适应约束是存在的先决条件，本系统的行为同包含它的上层系统相一致。转变行为，系统必须时刻关注周边环境的变化，并适应周边环境的变化，如图 8-1 所示。

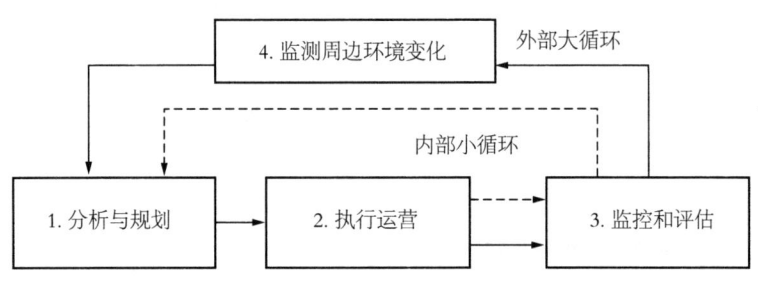

图 8-1　系统适应周边环境的变化

二、系统的功能

1. 系统功能的定义

系统功能是系统在与外部环境相互联系和相互作用过程中所具有的行为、能力和功效。系统功能是系统对外的总体表现。

2. 系统功能就是系统对环境的作用

系统功能就是系统把环境的输入变成自身输出的转换作用。系统的功能由两部分构成，一是系统自身的功能，二是系统对环境资源的利用功能。例如，一个人的能力等于自身专业能力与利用环境资源的能力之和。系统通过自身的要素功能＋结构功能，实现把环境的输入变成自身输出的转换，如图 8-2 所示。

系统功能的公式。

系统功能 =（要素功能 + 结构功能）* 客观环境功能的作用

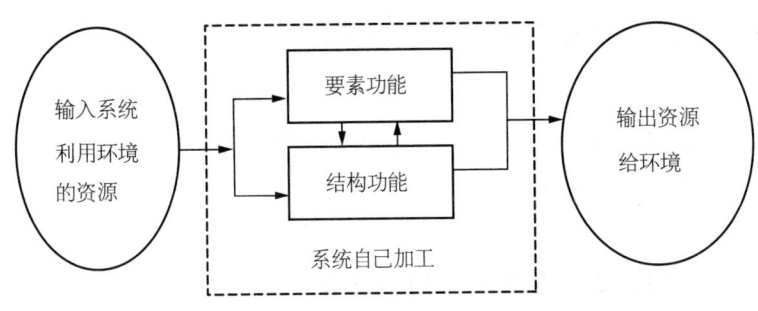

图 8-2　系统功能示意图

公式中的"*"号表示一种相互作用。环境制约着系统功能的发挥，改变系统功能、实现最优化的方法有三种：

（1）改变要素功能，通过择优汰劣、吐故纳新使组织新陈代谢、保持生机。改变要素功能的方式又有两种：①提升要素的功能；②更换功能更强大的要素。

（2）改变系统结构，即通过改变系统的形状、层级、协作方式、排列次序等，实现功能最优化。

（3）充分利用环境功能。必须选择合适的环境；系统与环境和谐、主动适应环境，要充分利用环境资源的功能，举天下之材力为我所用，系统要在适当改造环境资源的基础上利用环境资源。

从输入端说，系统功能是系统对环境资源的利用能力，如果能充分利用环境功能，那么这个系统的功能将是不可估量的！管理最大的创新点就是对环境功能的利用！系统利用的环境范围越大，输出功能就越强。

从输出端说，系统的功能就是系统向环境输出资源的能力。环境要求系统必须具有输出功能。没有输出功能的系统，或者输出负能量的系统，就没有存在价值，都将被环境所淘汰。比如机

器的某个零件失去了功能,就将被换掉。

从系统本身说,系统的功能等于要素的功能加结构的功能,系统自身的功能是有限的,系统只有充分利用环境的功能,才能使自身的功能无限放大。

3. 系统的功能公式的创新应用

合天下之力,用天下之才。用宇宙的资源,用无穷的力量、永不枯竭的资源。例如,地球上的资源有限且被相互争夺,利用太阳的能量既无限又没人争夺。荀子曰:"君子生非异也,善假于物也。"意思是君子的资质与一般人没有什么区别,君子之所以高于一般人,是因为他能善于利用外物。

客户是企业的环境,满足客户的需求是企业存在的条件。

无作为、不作为、乱作为都将被环境所淘汰。不断地提升自己的能力、努力工作,创造价值才是存在的条件。

要转变观念,企业是全体员工实现共同目标的平台。不要问企业能为你做些什么,而要问你能为企业做些什么,我们通过企业这个平台应该做些什么,以便尽到我们个人的责任,以便达到我们各自的目标和理想。

三、系统的演化

系统演化的含意。系统的演化是进化和退化相互渗透的复杂演化,进化中有退化、退化中有进化。演化是一种具有不可逆性的运动形态。

系统的进化。在没有外界特定干预的情况下，系统的进化由无序到有序、由低序到高序。退化则反之。

系统的进化是自行组织完成的，进化的方向是由低序到高序。这里面的高序有两层含意，一是高度统一的秩序，二是符合最高系统的秩序，即客观规律的秩序。

创新应用。转变观念。组织内的成员谁也不能坏了规矩、乱了秩序。遵守秩序是必须的。每个人必须靠自己努力进步，向符合客观规则的方向进化。

四、系统的特征

系统的一般特征包括集合性、相关性、层次性、环境制约性、整体性、动态性，系统运行的有序性，系统的适应性，对于人造系统，还有目的性的特征。

集合性。任何一个系统都由两个以上要素构成，一个系统至少要有两个要素，即承认系统内部应具有可分析的结构，单个要素不能被称为系统，由两个以上的要素构成的系统才有意义。比如：管与理为一体，学与用为一体，"他人"与"自己"为一体，法制与德化为一体，如图8-3所示。

图8-3　最简单的系统必须有两个要素

相关性。是指系统内各部分之间发生的物质、能量、信息的传递和交流。结果是某一部分的变化会导致另外部分的变化,这就是所谓的相关性。

层次性。世界上绝大多数系统都有复杂的层次结构。

整体性。系统不是若干元素的机械堆砌,而是存在有机联系的整体,整体包含部分,部分影响整体,部分代表整体,部分蕴含整体的全部信息。系统的整体功能是各要素在孤立状态下所没有的新质(整体大于部分之和)。

环境制约性。系统不是孤立存在的,系统要受环境的影响和制约。

动态性。系统的状态与功能不是一成不变的。系统不仅作为一个功能实体存在,还作为一种运动而存在。

目的性。人们通过对系统要素的选择、联系方式及系统的运动设计来反映人们的某种意志,服从于人们的某种目的。

系统的自寻目的的适应性。一个系统为了保特和恢复系统原有特性,系统必须具有对环境的适应能力,例如,自适应反馈控制系统和自学习系统等。

系统的类似性。在自然界与人类社会的不同领域里,各种类型的系统都存在着结构与功能上的类似性。这就是说,可以用类似的规律和行为模式来描述看起来似乎属于截然不同领域内的事物与现象,即不同的系统之间存在着相同的研究模式与方法,这就是结构——功能模拟方法。

第二节 系统的反馈控制原理与工作流程创新

一、系统的反馈控制

1. 系统的反馈控制原理图

系统每时每刻所处的情况称为系统的状态，系统状态随时间的变化称为系统的行为，系统对外界环境的作用称为系统的输出，环境对系统的作用称为系统输入。

系统功能是通过系统输入——加工处理——输出来体现，系统通过反馈信息调控系统，保持系统的稳定。如图 8-4 所示。

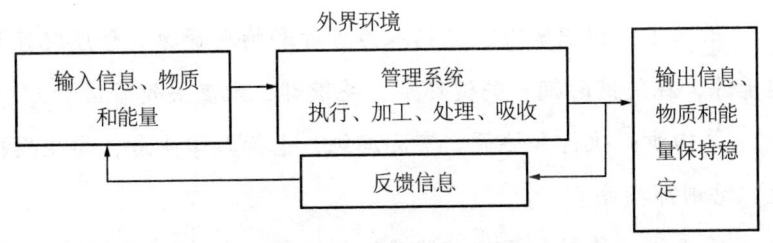

图 8-4　系统控制图

一切系统都是通过反馈信息来实现管理和控制的，我们要将这种方法转变为管理控制工作的流程——万通七步工作流程。

系统运行从目标开始,有了目标就要做计划、找资源,还要有执行、监督、反馈的改进。我们将反馈控制原理转换成管理工具,就是万通七步工作流程,如图8-5所示:

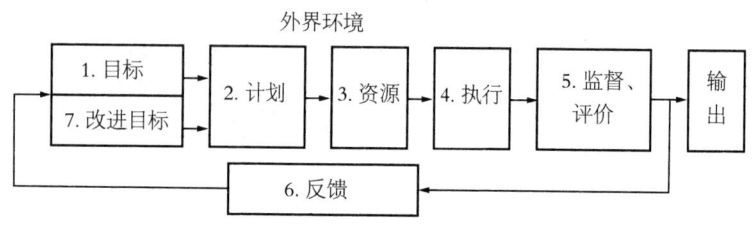

图8-5　七步工作流程

【范例】教练工匠的七步流程

规范和技能都需要教练,优秀的工匠是培训出来的。通过教练使工匠学会求知、学会做事、学会合作、学会发展。

第一步:明确培训理念和培训目标。要什么、为什么要、要什么样的。培训师要说清楚,简明易记,最好有口诀。让学员复述,并记住、记熟!

第二步:分解目标并做出详细的培训计划(步骤、关键措施),培训实施方案应有两个以上,从中选优。

第三步:组织资源,包括人力资源和物质资源。合理配置关键资源,在关键时期、关键环节、关键部位配置关键资源。

第四步:执行和协调。实际演练,老师做学生看,学生模仿做,培训师指导。

第五步:监督和评价。监督培训演练的全过程,对培训结果进行评估,在执行的过程中不断地检查和评价。

第六步:反馈。反馈信息要及时、准确、全面和有效。

第七步:调整和改进。依据反馈信息调整目标和方法。

一个有效的实践技能的培训过程,都要履行以上七步,反复练,直到达标。万通七步培训流程口诀:说给他听,做给他看,让他做你看,跟踪调整,让他反复练,直到通过考核为止。

启示:七步工作流程使组织的各项工作流程化,设计流程、执行流程、改善流程、推广流程是领导的要务。组织的成员要掌握思考的流程,做事的流程,细化流程,简单的做事。

万通七步工作流程还告诉我们如下的道理:

(1)流程系统依靠目的驱动,依靠标准来规范,目标必须明确,终极目标是系统的原动力。

(2)系统靠结构支持功能。要素的排序必须不断地优化,使其更加合理、更加有效。

(3)系统靠资源存在。人、财、物、时间、空间和信息六大资源必须自己备齐。

(4)系统靠交流协作执行任务。协作是必须的,内部协作是无条件的,因为共同享受成果。外部协作具有无限的利用空间,群策群力是最好例证。

(5)系统必须是受控的。接受任务必须同时接受监督!

(6)系统是依靠反馈信息实现控制的。反馈信息必须"及时、准确而有效。"

(7)系统依靠新陈代谢来维持生机。择优汰劣是天定的法则。去掉一切没用的功能,增加一切有用功能。所以必须保证"人员流动、资金流动、物资流动、信息流动"畅通无阻。一流不通,就能使组织瘫痪。

第三节 系统的有序性原则与秩序创新

一、系统的有序性原则

1. 系统是有序的

系统的结构是系统内部要素的排列秩序，秩序性意味着系统内部各要素排列秩序的合理性，破坏其结构，就会完全破坏系统的总体功能。

2. 系统是分层次的

系统是分层次的就是说系统要素的排列秩序有先有后，有上有下。

3. 系统由低级有序状态向高级有序状态进化

系统秩序进化的终极标准是像太阳系那样有序，即规则统一、核心唯一、自动运行。

二、创新应用

"利他为己"的秩序不能变。依据系统控制论的观点,人是一个具有输入和输出的开放系统。人要生存、发展和享受,必须从外界吸收信息和能量,即输入、索取;环境对系统的要求是功能和价值,所以系统必须向环境输出信息和能量,即输出、付出,如图8-6所示。

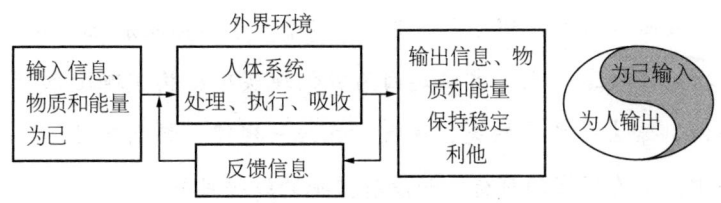

图8-6 系统控制图

我们只看输入一端,人是利己的,毫不为人;如果我们只看输出一端,人是完全利他的,毫不利己,专门利人。如果我们全面地看,人是"利他为己"的。利他第一,利己第二,利他是必要的条件,因为一个人一旦对环境失去功能和价值,就失去了存在的价值,终将被环境所淘汰!

结论:耕耘是收获的必要条件,付出是索取的必要条件,人是自利的,但要完成利己,必须利他,利他是利己的必要条件!他人的存在是自己存在的条件!

 塑造工匠精神

本章小结：

本章的重点有以下三点：

1. 系统的功能公式

系统功能=（要素功能+结构功能）*客观环境功能的作用，明确这个公式的真正含意，就可以知道如何优化系统，提高系统的输出功能了。

2. 最简单的系统要有两个要素，单个要素不构成系统

我们强调这一点，主要是因为我们现实中要构建理论系统和实体系统，常常是要素缺失，违反对立统一规律。特别在目标体系的建立中，只有现实的目标，而没有虚拟的终极目标。

3. 万通七步工作流程

我们必须熟悉万通七步工作流程，得于心而应于手。我们做每一件事都要用到，如果我们哪一件事没做好，一定是其中的某一个环节出了问题。一切技术都是对做事流程的熟练掌握，我们掌握了这个流程，一切问题对我们来说都不是全新的问题。会大大地提高你的解决问题的能力。

第九章
现代工匠创新终极标准的自我修炼

终极标准构成了理想的世界,终极标准是工匠精神追求的永恒的目标,终极标准给工匠精益求精的行为以永恒的动力!

终极标准是符合客观规律的最理想化的标准。世界是按一定的标准运行的,有了标准,一切运转正常,没有标准,生活将一团糟。

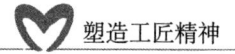 塑造工匠精神

第一节 创新的终极标准

一、标准是什么

标准的定义：标准是为了实现在预定领域内最佳秩序的效果、以科学、技术和正确经验为依据，对重复性的事物和概念所做的统一规定。

GB/T 20000.1—2014《标准化工作指南 第1部分：标准化和相关活动的通用术语》定义："标准是对重复性事物和概念所做的统一规定，它以科学、技术和实践经验的综合为基础，经过有关方面协商一致，由主管机构批准，以特定的形式发布，作为共同遵守的准则和依据"。

标准在不同的领域有不同的名称。例如，道德规范、操作规程（规则＋流程）、管理规定、管理制度、目标、法则、榜样、标杆、概念等。

标准的分级。标准是有级别的，标准的级别按使用范围划分有国际标准、区域标准、国家标准、行业标准、企业标准等。低级标准向高级标准进化。

二、终极标准的定义

终极标准也叫客观标准。创新的终极标准是以客观规律为依据的、一切事物应该追求的、最高的理想目标。就是做事与天道相合,不违反客观规律。

三、创新为什么需要终极标准

1. 因为世界是由标准构成的

世界是由标准构成的,是按一定的标准运行的,所以,一切从标准开始,标准是世界的通用语言,标准使产品(机器、零件)之间的联络、人与人之间的交流畅通。有了标准,一切运转正常,没有标准,生产生活将杂乱无序。

2. 因为终极标准具有普适的价值

创新必须有标准,标准必须普适化。最理想的标准是符合客观规律的标准。如果想把事情做到极致,一定要符合客观规律的终极标准。

3. 因为终极标准是创新的前提

没有终极标准,我们总以别人为标准,一直沿着抄袭、模仿、跟随的模式发展。有了终极标准,我们就可以直接取向终极标准,从抄袭到超越,从模仿到创新,实现创新式发展。

知道未来才能创造未来,预知未来的最好方法就是创造未

来,所以要探索宇宙奥秘,发现客观规律,明确终极标准,用终极标准指导我们走向未来,尽量减少传统的试错方法,使创新摆脱盲人摸象的寓言。

四、终极标准的理论依据和创新应用

1. 追求功能最优化

1)理论依据

最小能量消耗原理,也叫最小作用量原理。公元6世纪,希腊哲学家奥林匹奥德鲁斯提出了自然现象的"经济本性",认为自然界不做任何多余的事情。

莫培督1744年发表了最小作用量原理。即,对于所有的自然现象,作用量趋向于最小值。通俗的表达,在能量的作用下,一个系统总是要调整自己,使系统消耗的能量趋于最小化,使自己处于稳定的平衡状态。比如露珠总是趋于圆形,星球也是趋于圆形。因为圆上各点到圆心的距离相等,与圆心的吸引力相等,表面积相同时,体积最大。满足这个条件存在的概率最大,不满足这个条件存在的概率就小,消失的就早。花草树木等竞相满足它的条件,适者生存!所以,系统追求消耗的能量最小化同时意味着系统追求功能最优化。

从系统追求输出功能最优化的目标出发,必然导致择优汰劣的竞赛机制;依据"系统功能=(要素功能+结构功能)*客观环境功能"的公式,系统必须做如下的追求:①系统必须追求要素功能最佳化；②结构功能最优化；③利用环境资源的功能最大化，即追求消耗能量最小化，输出功能最大化；能量消耗最小的极限是不消耗能量，而具有全部功能；④控制方式最优化；⑤状态最优化；⑥永远向最优化的方向进化。

追求功能最优化的终极目标是驱动系统进化的源动力，明确目标是构建系统的第一要素，最高的智慧就是对目标的选择。

2）创新的应用

节约是存在的条件、生存的法则；浪费是粗鄙的外化、消亡的开始。天道节约，万物以最节约的方式创造自己，管理追求以最小的代价获得最满意的效果。节约成本是企业永恒的主题，资源无论多么丰富，也不能奢侈和浪费。

系统追求以效益最大化的状态存在。管理就是追求以最小的投入（代价）获取最满意的效果。所以，低成本是生存的法则，高利润（效益）是发展的基础。

最小投入的极限是投入趋于零。而具有输出功能。例如，用精神鼓励驱动行为是没有投入的，而精神鼓励可以是无限的资源，永远消耗不完。

系统追求以最优化的结构存在。企业系统的结构最优化包括层级优化、要素联系方式优化和整体优化等。结构优化的极限是没实体的结构，只有虚拟的结构，并且能实现全部功能。

系统必须有择优汰劣的竞赛机制。不断地择优汰劣，吐故纳新是进化的条件。择优汰劣的竞赛机制是一个"赛马不相马"、没有最好只有更好的竞赛机制。这里的"优"是指能力符合岗位标准，"劣"指能力不符合岗位标准，这是一个刺激进步的制度，另外优和劣是一个相对的概念，在这个岗位是"劣"，到另一个岗位可能就是"优"，每个人要找到适合自己的位置，没有半点歧视的意思。

由于择优汰劣的机制，必须使员工能进能出、职位能上能下、工资能升能降。

系统必须是开放的系统，系统具备持续获得外部资源的能力，才能够使企业向最优化发展，否则就会陷入混乱、停滞、僵死。

2. 统一核心

1）理论依据

太阳系以自己的形态复制万物，万物微观同构（万物的原子都是行星模型）。

太阳系有统一的核心——太阳。所以，万物必须有一个统一的核心。核心决定整体、控制整体。系统内的要素自动围绕核心转是要素存在的条件。没有统一的核心就没有统一的组织系统，没有强大的核心就没有强大的组织。

2）创新的应用

树立唯一核心。任何一个组织系统的存在，必须有核心，从原子到雨滴，从生物到太阳系，没有例外。

多核心分裂，没核心死亡！企业没核心倒闭，组织没核心解体，家庭没核心离散。有且只有唯一的核心是组织系统存在的必要条件之一。

选择和打造强大的核心是系统强大的条件。强大等于能力强大加思想强大,没有强大的核心就没有强大的系统!系统中最强大的要素才能作为核心,否则要素不围绕核心转,系统就解体了。"管"是强制的,强大是权力的来源和管理的基础,所以没有强大就没有管理。人类组织系统必须是最优秀人做核心领导,使组织有一个智慧的大脑,为组织做正确的决策。否则组织就会走向消亡!看《大国的崛起》,首先崛起的是一个强大的核心领导人。江山需要伟人扶,伟业皆因精英出。国家之兴必有伟人出,企业之兴必有能人出,家庭之兴必有贤人出。

选择有公心的核心。太阳是太阳系八大行星公共的核心,太阳向八大行星辐射能量。国家、企业、家庭等组织系统的核心也必须是公共的核心,没有公心不掌公器,没有奉献精神不能成为理想的核心。

选择永恒永久的核心。人类组织的核心不能永恒永久。解决办法是建立一套长久的制度,用制度规范核心的领导(把领导和权力装进制度的笼子里),以淘汰制不断更新领导核心,实现核心永恒永久;我们不仅需要一个好领导,而且要用制度保证每一届领导都是好领导。

维护核心是系统存在的条件。行星自动自发地围绕太阳公转和自转。人类组织系统的要素必须自动围绕系统的核心转,这是要素存在的条件,脱离核心就不是原来系统的要素,就不具备要素的原有功能。比如人的手,一旦脱离身体,就不再具有手的功能,即个人服从整体是个人在组织中存在的条件。

目标同化。目标是系统追求的核心,目标必须成为系统的共同追求,否则将一事无成。达成共识、目标一致才能取得胜利。人类组织管理的力学原理,极度混乱的系统对外的作用力的合力为零,当系统所有的作用力方向一致时,对外作用力的合力最大,如图9-1所示。

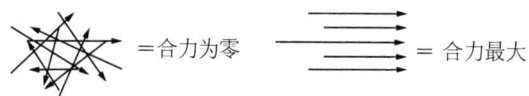

图9-1 管理的力学原理

3. 统一规则

1)理论依据——万有引力定律

宇宙间的一切物体都是相互吸引的,两个物体间的引力大小与它们的质量大小成正比,跟它们距离的平方成反比。

两个物体之间的相互引力虽然相等,但由于质量大(能量大)的物体惯性大,状态不容易改变,质量小的物体状态改变的就大,质量小的物体就必须围绕质量大的物体转。太阳的质量占太阳系全部质量的99.9%,八大行星必须围绕太阳转,而且公转的方向全部与太阳自转的方向一致。所以,强大的占统治地位,弱小者适应统治。这就是"大系统控制小系统,小系统服从大系统"规则的理论依据。

启示一:宇宙间没有不受客观规律约束的物体。没有约束就没有存在,一切自由都是约束范围内的自由,失去控制是消亡的开始。

启示二:万物都遵守统一规则。太阳系以自己的规则和形态创造万物。万物微观同构,大到太阳系、小到原子的结构都是行星模型。万物宏观同理,遵从客观规律,一切都在一个统一规则的系统之中运转,一切系统都向符合客观规律的方向进化。

启示三：大系统对小系统（存在、演化、功能等）进行选择和控制。太阳系是一个大系统，地球是太阳系的子系统，人类的组织是太阳系的更小的子系统。大系统选择小系统！大系统控制小系统。就是说小系统必须遵从大系统的规则，小系统向大系统进化，一切系统都向符合客观规律的方向进化。（为了在同一标准下探讨问题，我们将系统限制在太阳系范围内，因为在太阳系范围内的基本规则是可以说清楚的，在更大宇宙空间科学还没能完全解释清楚）

启示四：系统向精英化发展。因为大系统控制小系统。所以强大是控制存在的条件，弱小是被控制的原因，在世界的舞台上，实力决定一切。强大者有力、有利、有理，谁想有话语权，那就要先使自己强大，强大了说话才有效。所以使自己强大是企业和个人最重要的工作。宽容是强者的专利，忍耐是弱者的智慧。强者对弱者的宽容是一种美德，弱者对强者的大度则是忍耐（卧薪尝胆，胯下受辱）。弱者没有资格说宽容，弱者没有也不会有真正的大度，不过蓄势待发而已。

启示五：合作是存在的条件。合作使弱者变强大，弱以联合变成强大。大是强的一个条件，小是弱的一个原因。所以要合作，不要分裂！

启示六：系统结构向"扁平化"方向进化。因为小系统向大系统进化，太阳系是我们所在的、已知的大系统，且太阳系的结构是扁平化的结构，所以人类组织向"扁平化"方向进化。小系统向大系统进化，导致中间系统解体。中间系统解体到最后，人就变成平等的"原子"个人了，而全球就变成一体化了。

启示七：适应环境服从管理是存在的条件。宇宙间的秩序规

塑造工匠精神

则是强大者制定规则,弱小者自动适应规则。强者规范弱者,弱者适应强者,适者生存。

启示八:虚体的客观规律控制着实体万事万物。万有引力等客观规律,无形、无象、看不见、摸不着,却是真实的存在,并且功能无比强大,控制着万事万物。

结论:客观规律是组织系统管理唯一的根元、终极的标准。自然法则是宇宙中万事万物的内在规律、外在标准。不管人们是否认识它,它都依然作用到人们身上。它统御了宇宙的运行、主宰了人类的命运、规范了一切的一切。

2)创新的应用

思维的规则统一。人人应该按正确的思维方法想事。统一所有人的思想几乎是不可能的事,但统一正确思维方法(逻辑思维、辩证思维和系统思维等)和客观的思维原则是可能的,企业的核心价值观和信仰是可以统一的。比如按"是什么、为什么、怎么做"的逻辑和辩证法的基本原理思考问题。

行为的规则统一。在同一个组织内,所有人都要遵守同样的制度,恪守契约是个人在组织内存在的条件。

核心操作流程统一。管理流程化,事事有流程,流程各不同,有一个核心的流程是一致的,比如我们依据系统控制论给出的"万通七步工作流程"。

3)统一性与多样性合一

统一性是指万物必须遵守同样的客观规律自己创造自己。万物自己追求最优化,必须服从择优汰劣的竞赛机制。

多样性是因为万物都有创造自己的自由,"绝对"的客观规律并不导致必然的结果，所以导致形态多样、五花八门、种类繁多。万物在创造自己的过程中，主要有以下几种情况导致形态和功能多样：

第一，系统包含的要素数量不同，导致形态多样。系统是由两个以上的（多个）要素构成。比如，不同的人组织不同的企业，不同的元素构成不同的物质。

第二，系统的结构不同，导致形态多样。比如金刚石和石墨都是由碳元素组成的，由于结构不同（要素的排列秩序不同），金刚石的结构是空间立体网状，石墨是平面网状。所以物理性质不同，金刚石硬度大不导电。石墨有点软，可导电。

在企业中，同样的人群，按着不同的方式排列组合，会产生大不相同的效果。所以，系统的结构不同，导致形态多样。

第三，要素的功能不同，导致形态多样。万物的功能和存在的状态是千差万别的，所以就产生了千变万化的万物。比如，万物以最节约的状态存在，人类以最节约的状态生存。可是人们做不到最节约，只能尽量节约，有人还选择挥霍浪费。所以认识、选择和达到的程度不同，就产生了千变万化的人。即要素的功能不同，导致形态多样。

第四，组织系统进化的路径不同，导致形态多样。人类在进化的过程中，在不断地认识客观规律，在不断地校正自己的行为规则。对客观规律认识的程度不同，对行为的校正方式和程度不同，于是就产生了多种多样形态的物种。

按进化论观点，一切系统都按照环境的约束条件进化，环境在不断地进化，所以生物进化的竞赛，使生物界既存在巨大的多样性，又存在高度的统一性。

4. 双重控制系统最优化

1）理论依据

世界是物质的世界，物质即是能量，所以物质世界是能量的世界。爱因斯坦解决了"质能互化"问题，改变了人类的思维和生活。

依据物理学理论，任何物体周围都有场。有质量的物体周围存在着引力场，电荷周围的电场，电流周围的磁场。

场是一特殊形态的物质，场看不见，摸不着，没有实体，在同一空间中可以有无数种场存在。比如空间中有无数种电磁波在传递着，才使我们能够接手机和看电视等（科学研究中，有效即存在）。场有运动质量，没有静止质量。场一般以光速传播。场有能量、动量和角动量等。

结论一：物质有两种存在形式，即物质＝物质实体＋物质的场。例如，太阳＝太阳＋太阳周围的场。物质由"实有"和"虚无"两部分构成一体。实体为有，虚体为无。有是能量的聚合，无是能量的发散。无不是真无，是物质以微粒或场的状态存在。

有是无的聚合，无是有的发散！"无"能生有，有散为无。即万物的变化过程是从"无"到"有"，再从"有"到"无"的过程。万物在"有"的状态容易观察到现象的变化，万物在"无"的状态就显得高深难测了。

结论二：两个宏观系统之间相互作用有两种形式，即直接相互作用和场相互作用，相互作用也可称作相互影响或相互控制，如图9-2所示。

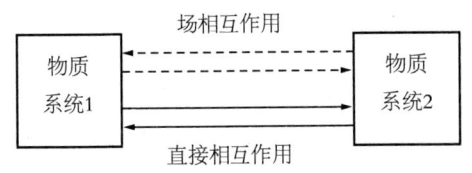

图 9-2　系统之间相互作用（控制）的两种形式

客观规律信息创造、控制宇宙万物。因为物质的实体和物质的场都承载着物质的基本信息，两个物质系统之间是通过信息发生联系并得到控制的。所以，在一切通信和控制系统中，信息是一种普遍联系的形式。为了深刻理解信息的作用，必须给出信息的定义。

信息的定义：信息是从客观事物中抽象出来的、反映客观事物基本属性（本质特征和规范）的、可认知的、可依附其他媒体传播的、可以共享的、可重复使用而不会被消耗掉的、使用价值有时效性的、联系一切事物、控制一切事物、创造一切事物的一种特殊资源，如图 9-3 所示。

图 9-3　客观规律信息控制宇宙万物

信息不是物质，可信息能够创造宇宙万物。比如客观规律就是这样的信息。

信息不是能量，可信息具有创造一切和毁灭一切的力量。比如人的信念。

客观规律信息是万物的灵魂，是构成万物的终极标准，是人类的精神支柱。

2）创新的应用

系统的控制力来自系统的外部，即无形的客观规律以"场"的形式控制着万事万物。如图 9-3 所示，系统的控制功能可以用一个看不见的系统来实现！

双重控制系统最优化，是创新的全部艺术所在。

组织系统的驱动控制力 = 物质驱动控制力 + 精神驱动控制力

物质驱动控制力 = 物质利益驱动力 + 物质利益约束力

精神驱动控制力 = 精神驱动力 + 精神约束力

用可持续的物质利益驱动可持续的发展，用永恒的精神信仰驱动永恒的发展。现实中物质驱动总是有限的，精神驱动可以无限地超越，所以最理想的管理"只用精神激励，不消耗物质"，比如通过建立强大的信仰文化实现行为自动化。

建立理性化信仰。制度规范是道德建设的保障，伟大的精神信仰才是道德建设的根据。人在表面上看是被利益驱动的，利益的背后是思想，思想源于信仰，信道才能守德！

企业从侧重制度管理向侧重理性信仰管理的方向进化。唯有建立正确的、强大的、有效的"信仰"，才能使人从心底里服从、自觉、自愿、无条件地执行。没有信仰，一切都将失去终极价值！失去了价值就失去前进的动力和存在理由。

5. 最基本的系统是二元合一结构

1）理论依据

理论依据一：依据系统论，世界上最基本的、最简单的系统是二元合一的系统，单元素不构成系统，一个人不构成家庭。

理论依据二：宏观事物具有对称性，造化赋形，支体必双，事不孤立，理不孤存，高下相须，自然成对。

二元系统的结构模型就是太极图象。有两个要素，是二元合一的结构。如电荷有正负、生物有雌雄。二元合一是对立统一，即有无合一、内外合一、虚实合一、刚柔合一、阴阳合一、法制与教化合一、他律与自律合一、正反合一等。我们生活在相对的世界里，没有绝对。

二元合一系统的特点：异则相合（吸），同则相斥（竞）；相反相成，缺一不可；正反相依，正反互转；阴阳相生，孤阴不生，独阳不长等。

定理：相对的事物分开为残，失衡为病。小的失衡叫"有病"，大的失衡就是死亡。

2）二元合一的必要条件

结构不同，结构互补；功能不同，功能互补。

核心相同、规则相同。不同的事物围绕共同的核心、遵守共同的规则。事物因围绕共同的核心、遵守相同的规则而和合。

3）创新的应用

系统的要素不可缺失、不可失衡。要素的缺失与失衡都会导致系统的功能下降，强调整体理性，理论缺少整体理性会使相对的事物分立和失衡，会使论辩的双方成为势不两立、无休无止地争辩的论敌。

合作是必须的。合作才能使自己变得强大，合作才能使自己不过早地消亡，合作才能使自己的基因得以延续。

现实目标与终极理想目标合一。虚实合一，我们现在的目标体系中往往只有功利层面的现实目标，而缺少虚位的终极理想目标，使目标的吸引力和人格塑造功能大大降低。

他律与自律合一。他律源于客观规律、国家法律、企业制度、社会道德的规范。自律源于他律，自律是他律的内化。行为自律就是对他律的自觉遵守。他律越强大，人们的自律程度越高，法治管理的成本就越低。所以，他律与自律统一，没有他律就没有自律，没有自律则他律不可能实现。

自律是存在的法则。自觉遵守法律、制度、契约是存在的条件。自律是在客观规律约束条件下的、无条件的绝对命令！只有自律，道德行为才是可能的！他律不具有道德价值，自律才具有道德价值。自律是高尚、高贵、神圣的表现。

6. 系统的层次有序、层次恰当

1) 理论依据

自然界阶梯式的层次属性。从宏观到微观，从无机界到有机界，人们都能见到这种层次性：在宏观世界，存在着行星系、恒星系、星系、星系团、超星系团、总星系等层次；在微观世界，有分子、原子、原子核和基本粒子等层次。自然界的层次属性使自然界呈现出梯级上升的组织结构。美籍匈牙利哲学家拉兹洛指出："自然界的组织结构就像一座复杂的、多层的金字塔，在它的底部是许多相对简单的系统，在它的顶部是几个（极顶是一个）复杂的系统。所有自然的系统占据了这些界限之间的位置；它们同上面和下面的层次连接在一起。就它们的组成部分来说是整体，但就更高层次的整体来说，它们又是部分。"

由于系统的结构、功能和层次的动态演变有某种方向性,因而使系统具有层次与等级性(有序性)的特点。系统结构的层次性、等级性决定了系统功能的层次性、等级性。

2)自然界物质系统层次结构的基本特点

低层次系统对高层次系统有构成关系(纵向关系),同一层次的系统之间存在着相干性关系(横向关系)。

高层次和低层次间必然存在着双向因果链。低层系统是高层系统的基础,高层次系统对低层次系统有支配调节性作用。

高层次系统包含低层次系统,高层次系统在一定条件下分解为低层次系统;低层次系统包含着构成高层次系统的因素,在一定条件下发展为高层次系统。

层次结构的结合度递减。层次结构的特点决定了系统各层次结合的紧密程度不同。随着层次由低到高推进,结合的紧密程度由大到小递减。

递减律意义:高层次系统解体可以不影响低层次的稳定性,从而有可能在稳定的低层结构之上重建系统,出现变构过程中的稳定转变。

必要的层级原理。控制论专家奥林说:"调解与控制能力的缺乏,可以在一定程度上用增加组织的层级来补偿。"反之,调解与控制能力强大,可以相对减少组织的层级。

生物和生命现象的有序性和目的性同系统的结构稳定性相关,也就是说,有序能使系统趋于稳定,有目的才能使系统走向期望的稳定系统结构。

3）创新的应用

组织系统的构建和理论体系的构建都具有金字塔结构。

系统的控制能力低，选择金字塔结构；系统的控制能力强，选择扁平化结构。

层次越高控制力越要强大，组织的领导必须精英化。

组织结构的排序必须正确。人人必须明确自己的位置，做好自己的角色。

价值观体系的排序必须正确。秩序性意味着系统内部各要素排列秩序的合理性，破坏其结构，就会完全破坏系统的总体功能。

万物都是基本要素按一定规则和秩序的排列组合。汽车是零件的排列组合，大楼是建筑材料的排列组合，文章是文字按一定章法的排列组合。一旦坏了规矩，乱了秩序，就变成废品。所以，一切好的组织结构、好的理论体系，都是一种科学的安排，一种最优化的排列组合，而不是简单的罗列堆砌。柏拉图认为，善是价值观排序正确，恶是对善的秩序的颠覆，程序错了，一定导致错误的结果。

7. 系统动态和谐

1）理论依据——自然辩证法中的和谐原理

和谐的定义：和谐是指事物的各个方面的核心相同、规则一致，功能互补、配合匀称、协调恰当、协同变化、互动有序、动态平衡、相互依存、相互促进、共同发展、多样性统一的状态。

和。《说文·口部》："和，相应也。"和的字形则可看作由"千""人""口"组成。千人一口,同声相应,同气相求,志同道合。"和"的条件是事物的各个方面的"核心相同、规则一致,功能互补"。比如交响乐队"不同而和","和"的是目标、规则,不同的是表现形式多样。

谐。"谐"的状态是配合匀称、协调恰当、协同变化、互动有序、动态平衡、相互依存、相互促进、共同发展、多样性统一的状态。

"和"是规则兼容,"谐"是自动配合。事物因兼容而变得"和",因自动配合而变得"谐"。和谐是一种动态平衡。就是配合得匀称、适当、协调。

"和谐"是一种极富生机活力的状态。理解和谐的动态平衡性最简单的方法就是观察交响乐队的演奏过程,交响乐队的演奏过程就是一个动态平衡的过程。

和谐原理的主要内容。有机整体是和谐的基础;对称性是物质内部联系和规律的和谐;比例协调、结构合理、功能互补是物质系统内部各种对立、差异部分、要素之间关系的和谐;规律性是物质系统运动、变化和发展中的和谐(动态平衡);相似性是物质系统之间的和谐;和谐又是相对的和有条件的。

和谐统一性。神秘的太空中天体的运动,在开普勒三定律的描绘下,显得多么的和谐有序。牛顿用三大定律和万有引力定律把天上和地上所有宏观物体统一了。麦克斯韦电磁理论的建立,又使电和磁实现了统一。爱因斯坦质能方程又把质量和能量建立了统一。光的波粒二象性理论把粒子性、波动性实现了统一。爱因斯坦的相对论又把时间、空间统一了。

2）创新中的应用

和谐的状态是系统的理想状态，是人类的终极追求和最高境界。和谐是一切事物存在的条件。组织建设必须追求和谐，和谐就是成功，不和谐就是失败。

和谐的四个层面。即①自我身心和谐。身心合一，以心养身，以身护心，心要有良知，身要保健康。②与人和谐相处、取与平衡，确立互惠互利、双赢、多赢等新观念，"己欲立而立人，己欲达而达人"。和而不同、求同存异、助人为乐。③与社会和谐相处，人对于自然应该"参赞化育"，"成物成己"，天人合一，人与天地同化，与万物共和，达到天、地、人和谐的至美境界。

组织系统和谐的"四共"原则，价值共识、规则共守、责任共担、利益共享。

8. 系统资源循环利用

1）理论依据

物质循环利用是自然的法则，大自然没有任何浪费，一切都是循环利用的。

2）创新中的应用

循环利用是创新的重要原则。观念需要按循环生态学的要求改变，制度要按循环生态学的要求重新制定，技术需要按照生态学的要求进行重新设计。按照物质原生态循环利用链原理，科学合理打造工业、农业、人文生态循环利用链。尽最大能力循环利用资源，把垃圾变成资源。

循环经济是生态文明的基本法则。必须遵循生态循环规律，合理利用自然资源和环境，在循环利用资源的基础上发展经济，实现经济活动的生态化。

循环经济应遵循以下几条原则：

资源利用减量化原则。即在生产和消费过程中，尽可能减少物质和能源的投入，减少废物排放，提高环境效益。

产品再使用原则。即变物品的一次性使用为多次使用和调剂使用；尽可能地延长使用周期，并在多种场合使用。

废弃物再循环原则。即将使用后的物品回收利用，最大限度地减少废弃物排放，力争做到排放无害化，实现资源再循环、再利用。

社会向循环经济、生态文明的方向进化。人类最大的悲哀是无法排解对物质的无限占有欲望，而忘记了探索自然进化规律和走向，遵循自然规律的生活方式。

9. 系统螺旋式进化

1）理论依据

自然与人类都是按螺旋式发展进化的（循环的时候，半径越来越大，层面越来越高）。这是一条普遍存在的自然规律。螺旋结构是自然界最神奇的几何形状，大到银河星系，小到螺旋藻、螺旋菌、DNA分子的螺旋结构等，无一例外。

2）创新中的应用

管理理论的螺旋式进化：①简单的管理理论；②复杂的管理理论；③高度系统化、集成化、归一化的管理理论，成为高一级的简单理论。

组织结构的螺旋式进化：①初级扁平结构；②金字塔结构；③高级扁平结构。

机械结构的螺旋式进化：①初级简单结构；②复杂结构；③集成化简单结构。

技术创新的螺旋式进化：初级简单向复杂化演进，然后通过集成向简单化发展。比如计算机，虽然内部结构复杂了，但通过高度集成使功能更强、操作更简单。

市场机制的螺旋式进化：①无计划的市场，看不见的手调控；②计划经济，政府调控市场；③政府和市场共同调控；④订单式按需生产，先拿订单再去生产，更高级的新计划经济，既防止资源短缺又防止产品过剩。如全球化网络、大数据管理将每个人的需求与生产变得计划更精准、更直接，在未来的发展过程中，传统的中间销售渠道将逐渐被取消。完全无政府控制的市场不存在，政府在市场管理中不可缺位。

信仰的螺旋式进化：①最初无信仰；②敬畏自然多神信仰；③一神信仰，信仰归一化；④科学的理性信仰，神的功能逐渐被现代科学所证实，创造万物的功能被人类所取代（如克隆和转基因等）；⑤无神信仰，即对客观规律、法律、制度的信仰。

10. 系统自组织、自适应（自动化）

1）理论依据

依据系统自组织理论，自组织是系统进化的法则。系统的自组织是指在一定条件下，系统内部自动地由无序走向有序，由低级有序走向高级有序。比如人的有些病症会不治自愈。系统进化的形式可分为两类：他组织和自组织。如果一个系统靠外部指令而形成组织，就是他组织；如果不存在外部指令，系统按照相互默契的某种规则，各尽其责而又协调地自动地形成有序结构，就是自组织。一个系统自组织功能越强，其保持和产生新功能的能力也就越强。

自组织是系统的构建及演化现象，系统依靠自己内部能压，在相对稳定的状态下，将物质、能量和信息不断向结构化、有序化、多功能方向发展，系统的结构、功能随着变化也将产生自我改变。

2）创新中的应用

谋划整体。自组织的方法论要求我们在企业管理中，必须从整体出发，全盘考虑。古人云："不谋全局者，不足以谋一域；不谋万世者，不足以谋一时。"有大格局才有大作为，例如，在爱国的前提下发展企业，在保护环境的约束下发展生产（企业的生产可以无国界，但企业家是有国界的）。

信息共享。系统中每个单元都掌握全套的"游戏规则"和行为准则。

单元自律。单元具有独立决策的能力，在"游戏规则"的约束下，每个单元有权决定自己的对策和下一步行动，从控制到自控，自我调整、自我修正，接受被修理和修正，乐意被修理和修正，经常自我修理和修正。

微观决策。每个单元的决策只涉及自己的行为，而与系统中其他单元的行为无关。

整体协调。服从整体，在诸单元并行决策与行动的情况下，

塑造工匠精神

系统的结构和"游戏规则"保证了整个系统的协调一致性和稳定性。

建立择优汰劣的竞赛机制。自组织系统需要有更强的自行趋优的能力和"自提升"的功能,能够而且必须在内部"择优汰劣"机制的作用下,不断地优化其组织结构,完善其运行模式。保持人流畅通是企业存在与发展的重要保证,创新和改善是企业发展永恒的主题。

自动自强是存在的条件。主动追求,天不主动富民,追求则可能有,不求则一切无。所以,人类组织系统向全自动化方向进化。

结论:组织系统从"他管"向"自管"方向进化。

培养合格的人才是人类一切组织核心领导的第一要务。有一流的人才,才有一流的企业,才能生产出一流的产品,带来一流的生活。

领导以统一的规则培养下属,就是既有传承,又有创新。薪火相传,组织才能长久。任何一级领导的重要任务之一是培养自己的下属,成为自己的接班人,没有合格的接班人就不能升迁已经成为许多企业培养人才的制度。

本节列举了几条客观规律并分析了在管理和创新中的应用,力图用自然科学的原理解释管理学的原理,符合客观规律的标准是规范人的思想和行为的根据、标准和尺度,对追究创新的本源、考查普适的价值观的终极依据,是十分必要的。

五、创新的终极标准体系表

为了应用方便,我们将前面推出的、系统进化的、客观的、理想化的终极标准做一个系统的归纳:

(1) 资源利用的终极标准。①资源(能量)消耗最小化,输出效果最大化。②系统是物质资源循环利用的系统。③利用环境功能最大化,不断吸取环境的能量而不破坏环境。④系统可利用的资源是无穷无尽,可随意使用而不必付资源费,如太阳能、风能等。

最理想的系统是不消耗能量的系统。系统是"没有实体,有能量,不消耗能量,但能实现所需的必要功能。"客观规律体系就是这样的系统。

(2) 核心的标准。①核心具有二元合一的结构,系统的核心=虚核心+实核心,虚实合一,和谐统一,否则是结构失衡,功能大降。②最理想的核心结构是精神领导+现实领导,虚实合一。③核心必须强大,否则控制不了系统的要素;④核心必须有公心,没有公心不掌公器。⑤最理想的领导核心是虚拟的,以人格化的客观标准为精神核心,"没领导,但有领导的作用。"系统依靠统一的信念(信仰)、规则和流程实现高度自觉而有序的运作。一个最有用的功能,可以用一个虚拟的(不以实体存在的)信息场(客观规律以场的形式作用于系统)的系统来实现。运用这种客观信息场进行全覆盖、全天候、全时域管理,可以使管理最有效地降低管理成本。

(3) 系统控制的标准。①两种能量控制系统,利用物质能量控制与场能量控制相结合。控制力=物质驱动控制力+精神驱动控制力。物质驱动控制力＝物质利益驱动力＋物质利益约束力；精神驱动控制力＝精神驱动力＋精神约束力。②最理想的控制是只精神驱动控制力。③最理想的管理控制系统是：不存在实体，不消耗能量，能实现所有功能。④最理想的控制流程是流程自动化，不用外界驱动，自组织，自适应。

（4）系统的结构标准。最理想的组织系统结构是"扁平化"结构。系统结构向扁平方向进化。

（5）系统的秩序标准。最理想的系统秩序是整齐划一的。系统从低序状态向高度有序的状态进化。核心统一，规则统一，行为统一，形象统一。

（6）系统交换秩序的终极标准。最理想的利益交换秩序是"将欲取之，必先与之，取与平衡。"利益之前的追求是为客户创造理想的生活，为客户提供精品和更满意的服务。利润只是副产品。

（7）系统的状态标准。最理想的系统状态是与天、地、人、万物动态和谐，和的是规则，谐的是行动，配合一致。在和谐中利用环境，最强大的系统是善于利用环境的系统。

（8）管理的进化方向。管理从侧重制度向重视精神管理的方向进化。唯有建立正确的、强大的、有效的"信仰"，才能让人从心底里服从，自觉、自愿、毫无条件地去执行。没有信仰，一切都将失去终极价值！失去了价值就失去了前进的动力和存在的理由。

最理想的系统是依靠信仰管理的。人类组织系统从侧重制度管理向重视信仰管理的方向进化，从迷信信仰向理性信仰、科学信仰的方向进化。最理想的、最伟大的创新是创建功能无限强大的文化信仰。

最理想的管理是"没管理，不用管理，而有管理的效果"。系统是自组织系统，自我协调，自我控制，自我实现最理想的目标。

（9）系统进化的方向标准。所有系统都是向着符合客观规律的、最理想化的、完全自动化状态进化。人向理性化全自动的方向进化，机器向全自动、智能化的方向进化。人最终进化成高度理性的、全自动的、理想的、有道德的、与万物和谐共处的人。小系统向大系统进化，一切系统向符合客观规律的方向进化。

（10）系统进化的路径。波浪式前进，螺旋式上升，永无止境。进化的方式是择优汰劣，不断地创新。

企业的最佳产品是创造信仰客观规律的、有道德、理想的人才。创新首先是创新自己。创新首先是创造能够创新的人才！

发现客观规律很重要，如何把客观规律用到极致更重要！

所有系统都是向着符合客观规律的、最理想化的状态进化。创新的过程就是进化的过程，进化的过程是实现系统功能的措施从低级向高级变化的过程。管理系统进化的理想化水平与效益成正比，与成本及危害之和成反比，即效益越大，成本及危害之和越小，理想化水平越高，如图9-4所示。

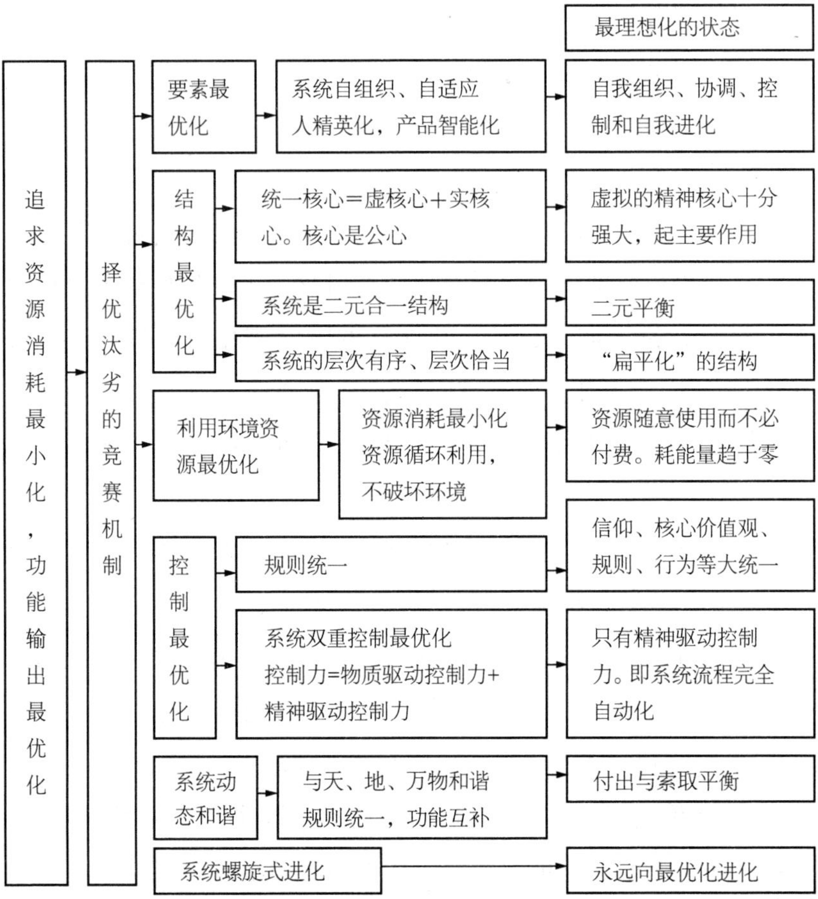

图 9-4 管理创新的终极标准体系

第二节 人格进化的终极标准体系

个人向符合客观标准的终极标准进化，理想人格的标准是统一的，每个人的具体目标是不同的，但人格修炼的理想化的终极目标是一致的，如图9-5所示。

图9-5 进化路径

依据客观规律的标准，我们将人格进化的终极标准归纳如下：

（1）自觉诚信守规。自觉遵守道德、制度、法律和客观规律是神圣的，因为客观规律的功能是强大而"神圣的"，所以认真遵守客观标准的人是"神圣的"。

（2）自动勤奋工作。目标专一、严谨细致、精益求精、追求完美、不断创新、锲而不舍、创造精品。

（3）自强不息。自动提升能力永不停息，自动学习，自动强化，自动优化。

（4）自动创造财富。在付出后求得，在耕耘后收获。付出才能杰出，奉献才能升值，要追求服务效果最大化、输出功能最大化。

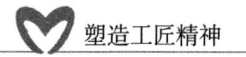

(5) 自动节约。追求消耗能量最小化，节约是存在的法则，有钱不浪费，精美不奢侈，过最简朴的生活，养最高尚的精神，从物质享受转向精神享受，从拥有财富转向拥有智慧。

(6) 自动合作，自动配合，自动尽职尽责。没有合作就没有分享。为神圣的事业而合作，而不是为了私利而勾结。

(7) 自我管理心态，保持乐观向上。自我协调，自我控制，自我和谐。

(8) 自动保持圣洁。自我反思、自我忏悔、自我修正行为。

(9) 自觉恪守公平正直。不欺诈，不做害人的事。诸恶不做，众善奉行。

(10) 自觉慈善。关爱他人，博爱众生。

人的自动性和秩序性程度越高，文明程度就越高，越神圣。自动性和秩序性越低，档次越低。

本章小结：

本章运用自然科学的原理推出了客观的创新终极标准体系，这套标准有以下三方面用途：

第一，用这套标准检验已经存在的理论、制度和方法的规范性和有效性，只要与这套标准有差距，就是找到了创新点。

第二，依据这套标准创建新的理论、制度和方法，利用这套标准创造新技术、创造新产品。

第三，这套客观标准人格化就是做人的终极目标，指明了所有人进化的方向和标准，实现目的和标准的统一性。

第十章
现代工匠理性的自我修炼

工匠精神就是理性精神，理性信仰是现代工匠的灵魂。现实世界是对理性世界的追求和模仿，理性世界就是理想的世界，理想世界构成了工匠追求的终极目标，使工匠锲而不舍地追求。理性的方法为提升工匠的能力插上腾飞的翅膀。

理性思维是工匠精神的具体体现，是工匠的灵魂。通过培育理性思维形成理性信仰，没有理性信仰的工匠精神不彻底。

 塑造工匠精神

第一节 理性的基本概念

一、理性的定义

理性是指人类在给定的条件下，通过对事物客观地分析、深刻的认识、合法的推理、精心计算、综合比较、慎重判断做出最优化选择的能力。

理性的全称是合理性，理者，利也，益也，合理就是合利益！讲理就是讲利益！所以理性就是追求最优化的选择。（利益不只是物质利益和精神利益，还有健康、环保等）

理性是一种选择的方法，要求分析客观、理解深刻、推理合法、判断正确。

理性是一种能力，以能否"做出最优化的选择"来评价。

理性的简化定义：理性就是人们对事物做出最优化的选择能力。

理性就是追求真理性（合理性），所以理性敬畏真理、尊重科学、不信奉偶像与教条。人类对真理的探究结果产生理性，理性通过论点和具有说服力的论据发现真理，当前提可靠时，理性通过符合逻辑的推理追求可靠的结论。

理性是有限制的，理性受个人的知识、能力和外部环境条件

的限制;人们往往无法正确判断成功的概率和成功的价值。因为缺乏理性,所以需要不断追求。

二、理性的来源

人类的理性智慧来源于自然的智慧,自然的智慧就是要求资源利用最大化,能量消耗最小化。自然为人类立法,"不许浪费,择优汰劣",否则就是野蛮的自毁。理性为自己立法,自觉遵守自然规律,才是文明的智慧。

三、理性的分类

德国社会学家马克斯·韦伯将合理性分为两种,即价值(合)理性和工具(合)理性。

1. 价值理性

价值理性也叫"道德理性",体现合理性的道德性和价值性,是对至善至美、终极价值的追求,为人类社会寻找具有终极价值的道德标准。

价值理性的定义:价值理性是人们对道德行为做出最合适、最有效、至善至美的终极价值标准的选择能力。

价值理性信仰、追求的是终极的道德标准,把至善至美的终极道德标准作为自己行为的戒律,无条件服从,其强调的是动机的纯正和选择正确的手段去实现自己意欲达到的目的。

价值理性使工匠人生的终极道德标准在头脑中构成"理想的自我"。价值理性通过调动头脑中"理想的自我",达到对现实自我的导向作用,并为现实自我提供强大的精神动力,使现实自我向理想自我转化,在这个过程中,人将不会被自身打倒,而会自我挖掘、开发潜能,使自身升华。这是一个有序、连续、自觉的自我主导过程,人以此构成自身和谐、统一的有机整体。

价值理性需要信仰。真理有两种,事实真理和价值理性真理,事实真理需要实证,价值理性真理需要有效,价值理性真理往往不需要实证,因为价值理性真理指出的是理想的进化方向,面向的是理想未来,所以价值理性需要信仰。

价值理性就是人类为自身"追寻、信仰、坚守符合客观规律的终极的道德标准"。客观规律存在于宇宙空间中,所以康德说,仰望头顶灿烂星空,坚守心中道德律令。

2. 工具理性的概念

工具理性(也叫"认知理性")的定义:人们对认知工具做出最合适、最有效、最优化的选择能力。

工具理性就是通过实践的途径确认工具(手段)的有用性,从而追求事物的最大功效,为实现人的某种功利目的服务。工具理性是通过缜密思考和精确计算功利的方法选择最优化的目标和最有效的实现路径,所以工具理性又叫功效理性或者效率理性。工具理性的核心是对效率的追求,追求有用性就具有了真理性。

工具理性追求客观的终极真理。

工具理性追求最优化的认知工具,最优化的认知工具就是客观真理,所以工具理性是对终极客观真理的追求,为人类寻找终极的客观真理，为理论寻找可靠的依据，为行动提供正确的方法。这也说明工具理性与价值理性有共同的追求。

工具理性追求创造最优化的认知工具，使用最优化的工具。

在人文科学方面，通过哲学探究，追求终极的标准、目标和价值，用统一性规范多样性、解释多样性。

在自然科学方面，力求探索客观规律、揭示自然的全部奥秘，并用自然科学的手段预测目标，用数学量化的手段检测结果、验证行为的合理性。

在社会科学方面，追求用最有效的管理制度和最低的管理成本（最理想的是零成本），实现最理想的生活。

在操作工具方面，追求使用最有效的工具，使机械不断地向自动化方向进化！

3. 价值理性与工具理性统一

价值理性与工具理性互为存在的基础与条件。价值理性的终极价值标准为工具理性提供选择方向的引导和精神动力；工具理性借助于人的思维、观念、运算、操作等实践过程，为人们实现价值理性提供智力支持。所以，价值理性与工具理性统一，目标与手段合一，理想与现实合一。价值理性是道德的法则，人应该遵守；工具理性是自然的法则，人必须遵守。追求价值理性使人格不断完善，追求工具理性使人的能力不断强大。价值理性与工具理性的统一，使人成为既有高尚的人格又有强大工作能力的有道德的人。

 塑造工匠精神

第二节 塑造工匠精神为什么需要理性

一、理性精神与工匠精神相合

理性精神追求最优化，工匠精神也追求最优化，所以，理性精神与工匠精神相合。

二、理性推动工匠创新

价值理性关注强大的、终极的道德自律，离开了理性的自我约束，工匠就有可能在利益的驱动下胡作非为、创造出一些假冒伪劣、坑害世人的产品。价值理性对创造力的规范作用，保证了创新的方向，就是对创新的一种促进。

工具理性追求"最优化"的功能直接推动技术创新和产品创新。

三、理性支撑工匠创新的信念

创新是一条艰苦、曲折、漫长的路,必须有理性的终极的价值信念来支撑,否则是很难持久的。理性的思考者和行动者,总是用充分、恰当的证据来支持自己的信念。

四、塑造工匠精神的首要任务是培养具有理性的人

创新的国家需要培养理性创新的公民(包括官员),创新的企业需要培养理性创新的工匠(包括领导),文明的社会需要培养理性的公民,依据理性的标准和程序解决问题。我们不能总是依赖别人的思想生存,我们需要自己追问"应该是什么,应该为什么,应该怎么做,必须做什么",自己塑造理性的自己。

对理性追求的过程,使人不断地树立自我并不断完善人格,追求人性最高价值的自我实现,引导人们不断挑战极限,开发自身的潜智,提升自身的能力。所以创新的过程就是培养人才的过程,就是创造自己的过程。

 塑造工匠精神

第三节 理性分析的工具

一、理性分析曲线

21世纪的主流哲学是统计哲学。统计学家C.R.劳在他的《统计与真理——怎样运用偶然性》一书中指出:"在终极的分析中,一切知识都是历史;在抽象的意义下,一切科学都是数学;在理性的基础上,所有的判断都是统计学。"

依据统计学原理。任何一个事件的全部可能状态出现的概率(可能性)符合统计规律,在理想状态下,随机事件的概率符合正态分布曲线,如图10-1所示。

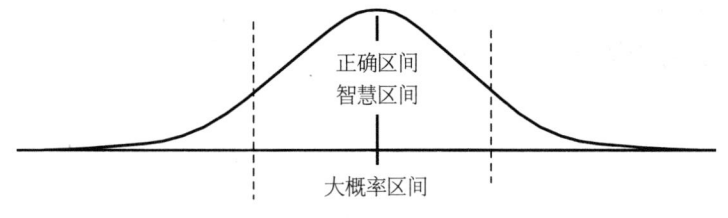

图10-1 正态分布曲线

中间区域出现的概率(可能性)最大。选择中间的状态存在的概率最大。存在概率最大的状态就是最优化的状态,就是消耗能量最小、输出功能最大的状态,也就是最节约的状态。(前面

第十章 现代工匠理性的自我修炼

多次讲到过这个原理,这里是用曲线的形式来表达它)。所以,一切决策都以大概率为选择的依据。大数据智能化时代已经到来,一切计划决策都在大数据的统计计算之中。

天行中道,在自然界中,存在的万物都是以大概率为选择的依据。笛卡尔说:"当我们不具备决定什么是真理的力量时,我们应遵从什么是最可能的,这是千真万确的真理。"所以我们将大概率区域叫"正确区间",也叫选择的"智慧区间"。古人的"中庸"就是"用中"。"用中"就是追求最优化,大数据统计,大概率决策,选择最优化的目标、最优化的方法,追求最优化的结果。

二、理性警示器——欹器

1. 欹器的考古发现

1953年,在西安东郊发现距今约6000年左右的半坡遗址,发掘出一种尖底、口小的陶器水罐,在水罐的腹部中央偏下有两个系绳用的环耳。据考古分析这是用来打水的器皿。用绳子吊起空罐子的时候,罐子是倾斜的,放入水中水很容易进入罐中,但水装到一半的时候,水罐就会自动立起来,如果水盛满了,将盛水的罐子提起来,水罐又会倾斜把一部分水倒出来,剩下半罐水时就又直立了。

2. 欹器引发先哲的理性感悟

水满则溢,月圆则缺,是自然现象,先哲们从这些自然现

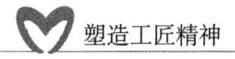
塑造工匠精神

象中，悟出了深刻的人生道理：满招损，谦受益。为此，鲁国的有识之士在鲁桓公的庙中安装了"欹器"，藉此警示后人"虚则欹，中则正，满则覆"。当孔子看了以后发出"恶有满而不倾覆"的感叹时，弟子子路请教他有无保持"满"的状态的办法，孔子借题发挥，告诫他的学生说："聪明圣知，守之以愚；功被天下，守之以让；勇力抚世，守之以怯；富有四海，守之以谦。"意思是说，聪明要用愚来守，智高不显锋芒；功劳要用让来守，居功而不自傲；勇敢要用怯来守，勇武而示怯懦；富有要用谦来守，富有而不夸显，谦虚谨慎，戒骄戒躁，才能保持长久而不致衰败。《易经·谦卦》曰："天道亏盈而益谦，地道变盈而流谦，鬼神害盈而福谦，人道恶盈而好谦。谦，尊而光，卑而不可逾，君子之终也。"

第四节 理性在实践中的应用

一、思维理性化

定理：适度等于正确，合适等于最好。

适度是处事的最高准则。做事追求合理化，以合适为最好。在具体的操作层面，没有最好的方法，没有万能的方法，只有合适的方法。所有的具体方法都是有限适用。依据统计学理论，给出事件的正态分布图，如图10-2所示。

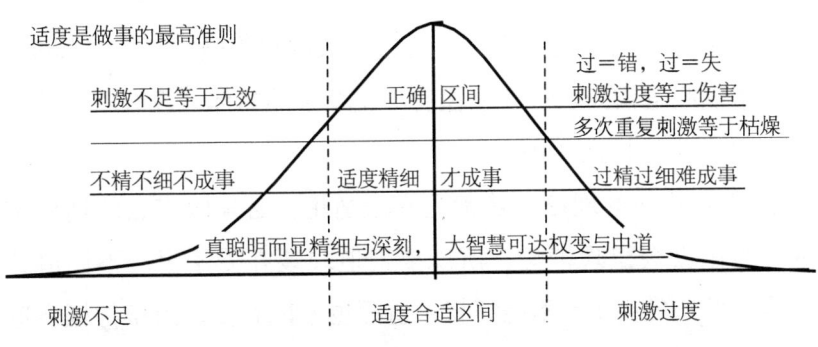

图10-2　事件正态分布曲线

图中正确区间的含意是在该区间的事件存在的概率最大、成本最低。正确区间的边界用虚线画出的含意是，正确的边界是变化的。

真理和谬误的界线是不明显的。"适度等于正确"就是说事物在规则的区间内才是正确的。适度就是程度适当、适合法则、适合限度、适合范围。既防止"过",又要防止"不及",不及则"失",过则"错"。"合适等于最好"告诉我们,两件事物相互配合,没有最好的,只有适合的。在相对的事物中找到合适的、平衡的区间。把任何事情推向两个极点,都会出现谬误。

二、知识理性化——理论理性公式

理论知识有限适用定理:一切道理只有在适度的范围内才是正确的。理不可极,理极必谬。范围一扩大,真理变瞎话。

理论理性公式:正确的道理=道理+适用条件

适用条件=追究根源,澄清前提,划定界限,确定适用范围。

任何道理都有适用范围,把道理限制在正确的范围内(过=错,所以叫过错)。世界上没有不受约束的物体、没有不受约束的道理、没有不受约束的人。

所有具体的理论方法都是有限适用,必须限定它的适用条件,否则就会出现悖论。所以要把道理装在笼子里,不让道理泛滥,禁止狂妄!人不能狂妄,道理也不能狂妄。用条件框定道理,不让其泛滥。用语境框定语义,使其准确。比如,名言、规律、定律和公式,其成立是有条件、适用是有范围的,不能无限制地乱套用,要用智慧去补充它的适用条件。举例如下:

没有条件限制的道理与谬论没有区别。没有约束的人与疯子没有区别。没有放之四海而皆准的道理！有了明确的限制条件就不容易出现悖论，几乎所有的悖论都是约束条件不够。解决悖论的基本方法就是增加约束条件。

道理如疗病之药，每一味药只具有纠偏之用，有限适用，对症了才有效。我们在生活中常常是相信了道理，忽略了条件，导致了错误的结果。所以，明白道理是聪明，明确条件是智慧！道理只有在适度的范围内才是正确的。

三、行为理性化

1. 行为理性的定理

事不可极，事极必败！

2. 行为理性的选择

《尚书·大禹谟》说："人心惟危，道心惟微，惟精惟一，允执厥中。"意思是说，人心中充满了恐惧，道心幽昧难明，只有精诚专一，实在地执行中正之道。"极端"之言不可用，"极端"之事不可行。自信而不要自傲，勇敢而不要鲁莽，调整目标而不要目标多变，喜不能得意忘形；怒不可暴跳如雷；哀不能悲痛欲绝；惧不能惊慌失措。今朝有酒别大醉，留得明天有机会。钱有用也不能过多，够用就行。钱多了对于聪明的人削减他的锐气，对于愚蠢的人增加他的罪过，如图10-3所示。

理性求知的方法是"叩其两端取其中"，《论语·子罕》孔子曰："吾有知乎哉，无知也，有鄙夫问于我，空空如也，我叩其两端而竭焉。"意思是，孔子说："我有知识吗？其实没有知识。有一个乡下人问我，我对他谈的问题本来一点也不知道。我只是从问题的两端去问，这样对此问题就可以全部搞清楚了。"

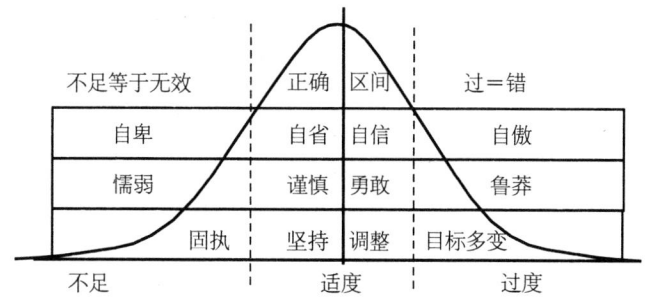

图 10-3　行为理性示意图

　　这种把事件推向极点的求知方法，叫极端思维法。利用极端思维法可以帮助我们辨明什么是不可用的、不可行的，从而知道什么是可用的、可行的。运用极端思维法对给定的已知条件和关系进行"放大"或"缩小"，以致达到"极端"（也叫扣其两端），使别人原来所表示的现象和规律更加明显，然后分析极端状态，帮助做出判断或寻找结论。采用极端思维进行反驳，往往能一针见血，切中要害。可以使问题化繁为简，变难为易，有时能起到"柳暗花明又一村"的功效。

　　利用"极端思维法"可以帮助我们辨明是非，把荒谬推向极点，会看出更大的荒谬。悟到方知本性，做到还须真行。一波一折一成功，皆因能力注定。心底公正清净，自我和谐轻松。人间大路走当中，莫随痴人说梦。

四、判断理性化

在改变条件的情况下,"一切都可以肯定,一切都可以否定!"正确区间的两根虚线向两侧移至无穷远时,一切都是正确的,就是"一切都可以肯定。"正确区间的两根虚线向中间移至重合时,"一切都可以否定",如图 10-4 所示。

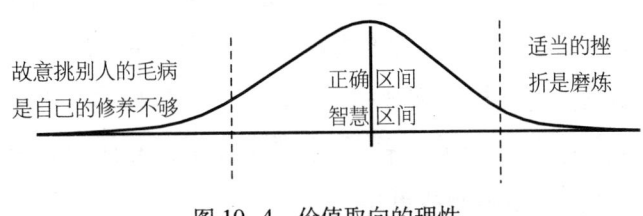

图 10-4　价值取向的理性

定理:对错看条件,好坏看标准。

1. 证明"对错看条件"

我们讲一个故事,有两位领导在一湖边视察,甲说:烟波浩淼的湖水啊。乙说:就五平方公里的水面,能叫烟波浩淼吗?甲说:不对,是十五平方公里。两人争论不休,请当地的随行人员小张评理。小张说:两位领导说得都对,甲领导在我们这工作时,正赶上发大水,那时水面是十五平方公里,甲领导还领着我们抗洪。乙领导在我们这工作时,正值大旱年头,湖水面积只有五平方公里,当年,乙领导还领着我们抗旱呢。

湖水面积的大小是由"水量"这个条件决定的,一种理论,满足它的适用条件就是正确,不满足它的适用条件就是错误的。所以,对错看条件,没有明确分界线。要动态分析,理性判断。

【启示】目前在数学和哲学上都是通过"系统扩张(减少限

制条件）"和"概念增加（增加限制条件）"来解决悖论的。

2. 证明"好坏看标准"

因为，问题＝标准（目标）－现状，如果把标准定得很低，就没有问题了。例如，家长希望孩子考上重点大学，这是初始的标准，结果孩子只考上普通大学，所以就有问题了。如果当初把目标定在专科，结果孩子考上了普通大学，太好了。同一个结果，是好是坏看你用什么标准去衡量。所以，好坏看标准。

事物虽然有终极的客观标准，但每个人的标准是不同的，因人、因时、因地各不同。所以，对错由人定，好坏在人评。对与错、好与坏没有明确的分界线。

事物的美丑、好坏、对错等，在时间上、空间上都是相对的。好事坏事在诠释，好话坏话在解释。看一件事有无数种观点，无数个角度。人人有观点、角度、方法、价值观。可以看好的一面，也可以看坏的一面，因为标准不统一，所以，就陷入了永无休止的争论状态，造成极大的浪费。

【案例】讨论问题时争论不休，陷入了无休止的论战，怎么办？

问题分析：争论不休是因为界线不清（空间范围，时间区域，环境条件），标准不统一。不在同一个频道，不在同一个立场，公说公的理，婆说婆的理，才导致观点不一致和无休止的争论和论战。

解决方案：在讨论问题时，也要先说明原则，确定标准，统一频道，同频才能共振。比如为了使讨论能够顺利进行，可以规定，不要说不好，要说怎么做才能更好，因为，能提出更好的方案都是对原方案有效否定,这样能够获得更多的建设性意见。

五、沟通理性化

1. 肯定代表大概率,否定代表概率小

人们说话中的肯定句代表大概率,否定句代表小概率,大概率是决策选择的依据。所以,在讨论问题时不能以小概率事件否定大概率事件。任何事件都可以举出相反的案例!

2. 规定标准,统一频道

沟通的目的是解决问题,在沟通时,不要说这不好,那也不对,要说怎样做能更好。能说出更好的方案才是对前一方案的真正的否定,也是最有价值的否定。

有的企业在讨论决策方案时,总是有人爱说这不行,那也不行,使讨论常常进行不下去。这时要做一个规定,不要说这样不好,要说怎样做更好。说不好谁都会,关键要说出怎样才能更好!这样才能使问题得以解决。

3. 放宽标准,给正确一个理由

理性地宽容。由于人的能力有限,人类的认识不可能完全与客观规律相合,总有一定偏差,所以,人类任何的认识都是一种偏见。但是另一个方面,正如解释学的一个命题所说的"合法的偏见"。所以在沟通时,我们对别人的看法和观点要给宽容和理解。在法律允许的范围内放宽标准。向正确的方向去理解,给一

塑造工匠精神

个正确的理由,你就达到目的了!

六、生存理性化

生活不能没有理想,但不能以理想主义苛求生活。自我和谐需要正确认识自己。别把自己看得太重,就不会失重;别把自己看得太轻,就不会失衡;别把自己看得太高,就不会失落;别把自己看得太低,就不会自卑;比别人高时,把别人当人;比别人低时,把自己当人。比别人强时,原谅别人;比别人弱时,原谅自己!

在合理中训练,在不合理中磨炼;在赏识中奋进,在谴责中成熟;在挫折中坚强,在自强中自立,在委屈中平衡,在妥协中前行;在虚怀中充实,在谦卑中完善;在放弃中承担,在宁静中致远,在耕耘中收获,在奉献中升华;在调整中定向,在行动中圆梦。

接受事件的全部结果。事件一旦出了结果,就变成了事实,就是不可改变的了。遇事不要生气,生气不如争气,争气不如努力!如果要改变现有的结果,只有先接受它,然后再冷静思考如何修改操作流程,一切问题都是流程的问题。

能够接受事物的全部状态叫平常心。先平衡心态,再改变状态。运用比较定理平衡心态,失败时向下比,还有存在的价值,成功时向上比,还有提升的空间。在比较中平衡心态。

万事如意的方法。事件不如意,重新下定义,获得好情绪,前进有动力。因为人不是被事情本身所困扰,而是被事情的定义所困扰。影响我们心态的不是事物本身，而是我们对事物的定义（看法）。对错由人定，功过任人评。痛苦的反面就是快乐，如果你能找到一个痛苦的理由，痛苦的反面就是快乐。快乐要靠自己去创造，快乐是用喜剧的方式来演绎悲剧的生命。掌握进退自如的生存智慧，领悟刚柔相济的处世策略，学会顺逆从容的自然选择，感受祸福相倚的因果效应，创造静动合一的人生状态，实现言不能伤，利不能诱，事不能害。

充分利用环境的功能。在一个人的身体和知识结构不变的条件下，要想提升个人的功能，最聪明的办法就是充分利用环境的功能，环境的功能几乎是无限的，善用天下者有天下。

七、理性的目标系统

目标是系统进化的源动力，人生最高的智慧就是对目标的选择。

1. 目标的定义

目标是组织系统在一定时间内要达到的、有一定规范的期望标准。

目标系统＝现实目标链＋终极目标。目标＝目的＋标准。"目的"比"目标"更基本、更宽泛；"目标"比"目的"更具体、更明确、有蓝图。

2. 理性化目标系统的功能特性

吸引性。目标一定要有吸引力，就是有物质利益或精神利益

的诱惑，使人不达目标誓不罢休。不具有吸引力的事物不能成为目标。

正确性。目标的正确性体现在方向上，第一要符合客观的规范，即不要偏离终极目标；第二要符合国家法律、企业制度和道德规范。

可达性。可达性是指在现实中可以实现的目标，每一个目标都要在自己的能力范围内，这样就可以达到了，可达的目标一旦达到了，就失去了吸引性，不再具有诱惑人前行的动力。可达性目标都不具有永恒吸引力，可达目标是动态的、变化的。一个目标实现了，必须有下一个目标来接续。

现实可达性目标的标准：清晰明确、可想象、可操作、可量化、可达到、可考核、有限定的时间、可持续。

稳定性。具有永久稳定性的目标不具有可达性，可达性的目标不具有稳定性。在目标系统中最理想、稳定的终极目标不是用来实现的，而是用来导航的，它是一套理想化的信念，是人的灵魂、生命的支点。

终极目标的标准：可相信（具有合理性）、无限美好（有价值）、吸引力最大、使人必须追求、有生之年不可达（所以不可验证，只能信仰）。

能够得到的东西都不是无限美好的。无限美好的东西是永远得不到的！还要坚定信念，毫不动摇地相信、永不停息地努力、锲而不舍地追求。人生的全部意义在于追求美好事物的过程。

3. 理性化目标系统的结构——完美的期望蓝图

理性化目标系统必须是虚实二元合一的结构。依据系统整体理论,最小的系统必须有两个元素,所以,理性化目标系统是现实目标链与终极目标合一,即虚实二元合一,缺一不可。

目标系统=虚拟的终极目标+现实的、由无数个具体的小目标构成的目标链。终极目标是人类系统存在的理由,现实目标是人类系统存在的条件。

终极目标是虚拟的、是理想的现实。理想的终极目标,是道德行为的终极规范,是理想化生活的准则,是通用的人格和最高尚的灵魂!是人类进化的方向。

理性化目标系统"内外合一"。终极目标是人的灵魂,灵魂在体内,在心中;终极目标又是外在的客观标准,即人的灵魂与客观标准是同一个东西,即"内外合一"。终极目标是灵魂,在体内,现实目标在外部,一切现实目标必须与终极目标相合,与终极目标不相合的现实目标要取消,这也是"内外合一"。"以终为始"就是一切从终极标准开始,以终极目标作为选择现实目标的标准。

4. 为什么要构建理性化目标系统

为了塑造有道德、全自动、能力强大的人。要造人先造魂,理性化目标是人类组织系统的灵魂。所以,一切组织系统必须是有灵魂(目标)的系统。有功能是系统存在的条件,有目标是系统存在的理由!

目标即志向,志者士之心。无志即无心,无心则不可活。所以君子不可无志。

目标即欲望,欲望不可无,无欲则心死,"哀莫大于心死"。无所求之人也是无所用之人!建立合理的欲望、正当的追

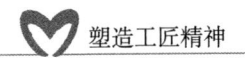 塑造工匠精神

求,而不是扑灭心灵。塑造灵魂、培养一颗有规范的、激动的心是管理和教育的全部意义所在。

为了弥补终极目标的缺失。如果只有现实的存在而没有理想的存在,人就停止不前了、固化了、迷茫了、绝望了。如果只有理想的存在而没有现实的存在,理想就变成空想了。所以人既活在现实中,又活在未来中。现实是生存的基础,未来是现实生存的理由!人类生存的意义在于有未来。过去的痛苦在回忆中成为幸福,现在的痛苦在希望中成为幸福。因此,人们用回忆补偿过去,用希望充实未来。在追求希望的过程中,现实的痛苦浸泡在期望的幸福之中。

终极目标具有规范、导向、吸引的功能。①终极目标是现实目标的规范,现实的每个目标都服从终极目标,这叫"以终为始";②现实目标属于物质世界,终极目标属于精神世界。人的生命需要两种粮食,一种是物质粮食,充实肚子;一种是精神粮食,充实灵魂。③目标系统是一系列未来状态集合,目标使人产生欲望,吸引人前行。

终极目标是心中的太阳,生命的支点,活着的理由,存在的价值,精神的给养,行动的导航。没有终极目标的目标管理是不完备的!道德行为是不可持久的!

系统的目标决定系统的档次。根据系统的目的和行为标准,确定系统的等级。即高级系统目标性高,低级系统目标性低。以高尚的思想和典雅的行为决定人格档次,人格档次与金钱、权力、容貌无关。以造假骗人为目标的系统是野蛮的系统,以改善人们生活为目标的系统是高尚的系统。

5. 人生理性目标系统的链式结构

人生是由目标链构成的，目标链如果断了，生命线就断了。目标链断了比资金链断了还可怕，资金链断了企业倒闭了，还可以东山再起；目标链断了人的精神支柱就没了，人就彻底垮了！终极目标给行动一个方向，人可以不伟大，但不能没有梦想。每个生命都有自己的梦想，就连毛虫也梦想着有一双彩色的翅膀，如果没有了梦想，生命也就会随之终结。

人生有三种存在状态，一是现实物质世界（实然）存在，二是理想的意义世界（应然）存在。现实中的秩序属于物质世界，理想中的客观规范属于理想的意义世界。三是创造的存在，创造使人生从现实走向理想的未来，如图 10-5 所示。

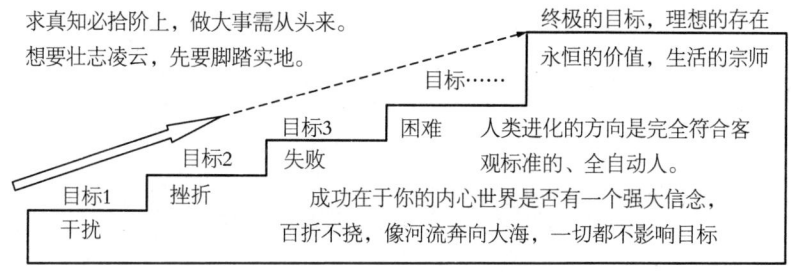

图 10-5 人生目标链，人类进化的路径

苦难是人生的必修课。利用坏事（逆境）炼就我们的身心，利用好事（顺境）成就我们的事业。每个人的身心都需要磨炼，所以艰难困苦是人生必须面对的问题，几乎像粮食一样重要，粮食维持人的生命，困难能使人成长。困难是人生的必须品，好事坏事对我们都是有用的，那就没有必要烦恼了。

困难和挫折是能力提升的台阶。人生的目标本身就是困难，

目标大者困难大,目标远者困难多。人来到这个世界上,就像来到一个平台,困难是提升能力的台阶。克服一个困难就上升一个台阶,克服的困难越多,上升的越高。克服困难是创造价值的前提,是为了创造价值而克服困难,如果把我们的关注点转移到未来的结果上(创造价值、提升能力),我们也就没有烦恼了。

本章小结:

工匠创新需要热情,更需要理性。本章的目的是掌握理性的知识和运用理性的方法。本章的重点是理论知识有限适用定理和理性化目标系统的建立,一定要有高尚的、永恒的目标。

第十一章
现代工匠哲学思维的自我修炼

哲学是塑造工匠精神的工具,哲学是打开智慧大门的钥匙。这把钥匙就是"万法归一"和"一化万法",大工匠一定要懂哲学,成功的大工匠都有一套人生哲学和方法哲学,因为哲学就像罗盘,能指引工匠们的正确方向,帮助工匠们辨明现象的真伪、做出正确的决策、迎接挑战、追求更大的成功。

产品的精美源于思维的深刻。德国人的工匠精神有其文化渊源,其中之一是德国人热爱哲学思维,所以德国人思辨能力强,勤于思考、善于学习、喜欢探究世界底蕴、寻求终极真理。

第一节 哲学思维是什么

一、哲学思维的结构

哲学一词来自希腊语 Philosophia，本义是"爱智慧"，即"追求智慧"。"追求智慧"的行为是学习、探索、反思、追问和批判等，我们将这些简称为学问，即哲学属于"学问"的范畴。哲学经常探索和追问的是世界观（构成世界的标准，即客观规律）、价值观（选择的标准）、人生观（人生的标准）和方法理论（方法的标准），这些都归大脑管，可以统称为"思想"。这些思想不是一般的思想，这些思想要成为最高的思想、可普遍化的思想。"最高的、可普遍化的"标准就是客观规律，与客观规律相合的标准称为客观标准，如图11-1所示。

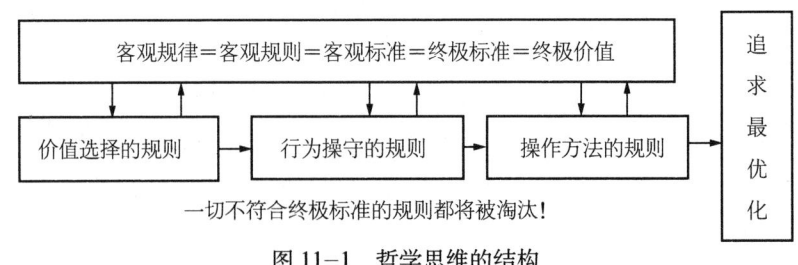

图 11-1　哲学思维的结构

注：标准在不同的领域有不同的名称。如：客观规律、道德规范、操作规程（规则+流程）、管理规定、制度、目标、法则、榜样、标杆、概念的定义等。

第十一章　现代工匠哲学思维的自我修炼

哲学思维的系统包括四个子系统，即客观规律系统、价值选择的规则系统、行为操守的规则系统、操作方法的规则系统。

这四个子系统分两个层面，客观规律系统构成理想的层面；价值选择的规则系统、行为操守的规则系统和操作方法的规则系统构成现实的层面。

现实层面的价值选择的规则系统、行为操守的规则系统和操作方法的规则系统都符合理想层面的客观规律时，叫"万法归一"；从理想层面的客观规律演化生成价值选择的规则系统、行为操守的规则系统和操作方法的规则系统，叫"一化万法。"哲学的目的就在于实现"万法归一"和"一化万法，"通一事而万事毕。

追求"万法归一"，即通过寻求终极的标准，"为天地立心，为生民立命。"为知识提供基础，为生命提供意义，使人走向崇高。解决人们精神的焦虑、信仰的缺失、目标的迷茫、意义的失落。"一化万法""析万物之理，判天地之美"，启迪人们学会生存、学会做事、学会创新、学会发展。促进工匠们观念更新、科学发明、技术创新、产品创新，从而实现自我发展和自我超越。

"万法归一"与"天人合一"是同意词，因为客观规律的集合也叫"天道"，价值选择的规则系统、行为操守的规则系统和操作方法的规则系统也叫人道，人道就是人间的万法，万法归一的全称是万法归一于天道，天人合一的全称是天道人道合一，所以，"万法归一"与"天人合一"是同意词的两种不同的说法，由一种说法变化成多种不同的说法也是"一化万法"，我们在第七章中给出的创造技法统综，归纳的过程叫"万法归一"，

展开应用的过程就是"一化万法。"

"万法归一"是在万变中寻找不变的、共同的要素,"一化万法"是在不变中寻求千变万化,这就是哲学所爱的智慧,这是创造的智慧,这是追求最优化的智慧。

口诀:哲学的全部智慧就在于实现"万法归一"和"一化万法"。

二、哲学的定义

根据哲学思维的结构,我们就有了如下的哲学定义:

哲学是探索和追问思想与客观规律(标准)相合的一门学问。

根据这个定义,我们可以知道,研究哲学要不断地"学",不停地"问",不断审查理论、方法的可靠性和有效性。

古人并不知道客观规律是什么,老子给客观规律起个名叫"道",现代自然科学为我们揭示了客观规律,所以,现代自然科学给哲学划了个句号,我们不再用"盲人摸象"的方式去"猜"客观规律是什么,我们可以直接拿来用之。运用哲学的思维方法和"客观的标准"去审查、修正管理理论中的"思考的标准(选择的标准)、制度的标准、流程的标准、方法的标准"。哲学型和智能型工匠的智慧就在于掌握并运用好哲学的思维方法和客观规律。

三、哲学思维的方法

哲学思维的方法主要有形式逻辑推理、辩证逻辑推理、系统思维和理性思维等方法。

哲学的思维方式主要有反思、怀疑、批判、否定和求证，在反思中怀疑、批判、否定和求证。哲学的反思主要有七种方式：①本体论的反思方式，就是以寻求世界的本体为目的，以考察本体与变体的矛盾为主要内容，以常识批判为基础；②观念论或认识论的反思方式，就是自觉地提出和探索思存关系问题；③概念论的反思方式，就是通过揭示概念所蕴含的思维与存在的内在矛盾来展现人类思想运动的逻辑，并从而实现个体理性与普遍理性辩证融合；④实践论的反思方式，就是从人的思维的最本质最切近的基础—实践—出发，以实践观点的思维方式去揭示思维与存在、人与世界之间的矛盾关系；⑤语言的反思方式，就是从语言出发去思考和解释思维和存在、人和世界的关系；⑥存在论的反思方式，就是在对存在的追问中澄明存在的意义；⑦文化论的反思方式，是指现代哲学中把哲学理解为一种文化样式，并以文化批判为主要内容的哲学流派的思维方式。

如果想提高认识世界和改造世界的智慧和思维能力，就必须学习哲学。因哲学的逻辑分析而言行条理，因辩证思维而头脑灵活，因反思活动而思想深刻。因高度概括而精神丰富，因憧憬理想而满怀希望，因宏大视野而胸怀全局，因理性信念而品格坚毅，因追求智慧而生活豁达。

塑造工匠精神

第二节 现代工匠为什么需要哲学

一、哲学能提高现代工匠的创新智慧

现代工匠追求方向正确、方法最优。哲学层面上给出的选择标准（价值观）必须是普世适用的，哲学层面上给出的方法必须是系统化、流程化的，哲学的方法和标准才是现代工匠创新所需要的。马克思称哲学为"时代精神的精华、文明的活的灵魂。"美国学者霍金森说："倘若哲学家不能成为管理者，那么管理者必须成为哲学家。"大凡成功的大工匠都有一套人生哲学，因为哲学就像罗盘一样，能指引工匠们的正确方向，帮助工匠们辨明现象的真伪、做出正确的决策、迎接挑战、追求更大的成功。当代社会是知识型社会，工匠从纯手工向智能型转变，工匠们不仅要有实践操作的经验，更要有胜人的哲学智慧。手艺与智慧结合，能为社会创造更大的财富，有智慧才能创造出智能型的产品。工匠也可以是哲学家，犹太人斯宾诺莎是魔镜工，同时也是大哲学家。斯宾诺莎认为："无知是一切罪恶的根源。"

二、哲学能帮助工匠树立正确的价值观

工匠精神即是人心，人心的背后是哲学，因为哲学研究的是思想的标准，思想以客观规律为终极标准，所以客观规律是工匠精神的本源，一切必须从本源出发，就是说一切事情必须从客观标准开始。

哲学是一种溯本求源、指向无限性的追求。这种追问的基本特征，就是从多样性追问一致性（统一性）、从特殊性追问一般性、从现象追问本质、从变追问不变、从暂时追问永恒、从相对追问绝对。在现代工匠中追求终极目标、终极标准、终极解释和终极价值。

追求终极目标。寻求目标的统一性，探索人生终极目标，人最终要成为什么，要向哪里去；追问人为什么而存在？

追求终极标准（抽象的存在）。寻求世界的统一性、理论和方法的统一性，探索理论和方法终极标准。以终极标准（抽象的统一性）去说明"理论和方法"的生成、演化和归一。追问人应该如何存在？人应该如何生存？

追求终极解释。寻求知识的统一性。寻求作为终极原因的基本原理，即客观原理，以客观基本原理给人类经验中的事物一个统一性的解释。

追求终极价值。寻求价值标准统一性（意义统一性），就是寻求人类用以判断、说明、评价和规范自己全部思想和行为的终极价值标准。

因为世界万物是按客观规律塑造自己的，所以终极目标、终极标准、终极解释和终极价值都指向了客观规律。因此探索并遵

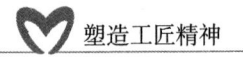
塑造工匠精神

循利用客观规律是人类永恒的追求。

三、哲学能帮助工匠提高知识和方法的水平

在信息爆炸的当代,知识庞杂无序,理论浩如烟海,书籍汗牛充栋,观念不统一,众说纷纭;理论不统一,似是而非,看起来相互矛盾,又好像都有道理。莫衷一是,真伪难辨,弄得工匠一头雾水,不知所从。方法太多,很难记全;还有很多悖论,使工匠误入歧途。究其原因有三点:理论不统一是因为理论的标准不统一,没有将理论系统化、归一化,理论支离破碎、缺少合理内核;方法太多是因为流程不统一,解决问题的程序缺乏兼容性;出现悖论的原因是没有限定理论和方法的适用条件,具体的理论方法都是有限适用,必须限定它的适用条件,否则就会出现悖论。

要想走出理论知识的丛林,必须借助于哲学的智慧,用哲学的方法统一规范理论知识,使理论知识系统化、归一化、简单化。我们要克服在知识的应用中使用拼凑的方法,不要用拼凑的知识来掩盖自己对系统相关的无知和由此所造成的灾难!所以现代工匠的知识一定要达到哲学层面。高度创新第一,程序创新统一,理论创新归一。站得高,才能看得远;想得深,才能做得细。

人们的日常语言经常是模糊不清的,人们做判断的逻辑秩序也往往是不规范的,甚至是混乱而漏洞百出的。对这些模糊不清、漏洞百出的判断和命题,没有进行仔细分析和推敲便直接相信是件愚蠢的事情。因此,人们必须进行逻辑上的分析和澄清。在哲学层面澄清概念、划定界线、探明关系、考查因果、探索本源、寻求意义、诉求价值、追问标准（抽象存在）、辨别真伪、撞击思维、审查前提。

四、哲学能帮助工匠提高人生的智慧

哲学的最终目的是培养人。哲学要做的事是追本—避末、求真—避假、达善—避恶、臻美—避丑、育人—成人。帮助人们确立人生的信念、生存的意义、行为方式、精神追求和理性信仰，以满足其自我实现的需要。帮助工匠用哲学的方法探索最佳的认知方法，实现万法归一和一化万法，改变"本的混乱、真的迷失、善的缺位、美的扭曲、人的失衡。"

哲学通过反思、追问、质疑和批判的方法，启发人们如何进行标准化思维和理性化生存的智慧。哲学就像普照大地的阳光一样，照亮了人类的生活；如果失去了哲学，人类的生活就会变得黯然失色。

哲学给我们描述了一个"真、善、美"相统一的世界图景，给我们提供了一个"真、善、美"的虚拟世界，是人们追求的理想的、终极的目标，激发人对求真、求善、求美的渴望，并推动人们以实践的方式创新理想的现实。

工匠通过自我意识、自我组织，以自我感觉、自我观察、自我体验、自我分析、自我批判、自我塑造、自我超越和自我反思，发现真实的自我、塑造理想的自我。

塑造工匠精神

第三节 现代工匠如何修炼哲学方法

一、追本——给人以"本"的简捷

什么是追本？追本有两层含意，一是追问事物的本源，客观规律是事物的本源。工匠哲学的追本不是探索客观规律，而是运用哲学的方法和客观规律去审查和设计人生的终极目标（究竟要成为什么）、终极的原因（为什么存在）、终极的方法（如何存在）等。二是追问事物的本质和特征，辨明事物。

为什么要追问本源？①为了追求归一化。用统一性解释多样性。寻求统一性的标准，给事物一个终极的原因和统一性的解释。不系统、不归一的知识如同散沙，不具有强大的应用功能。见多识广的零碎信息几乎等于无用！知识如同机体，健全才更有用。②为了追求简单化。简单是世界的本质，在某种程度上复杂等于无用，越简单越容易被大众所掌握，多了记不住，难了不会用。要把复杂问题系统化，系统问题简单化（集成、归一），简单问题流程化，流程问题标准化，标准问题绩效化。③为了以道御术。道为终极标准，术为具体方法，道为术之本，术为道之显。道术一体，以道统术，依道择术，以术显道。道不通则术不行，"有道无术，术尚可求；有术无道，止于术，死于术。"倒闭的企业，垮台的领导都是如此。

追本的常用方法有以下七种：

1. 悟本

悟本是以事物、概念材料为依据，通过分析、判断和推理，找出事物共同的本质特征和内在联系的思维过程。既悟万法归一又悟一化万法。

悟的标准是"懂、精、通、用"四个字。悟懂：认真悟对，正确理解，悟清思路，悟对方法；悟精：用情悟精，抓住核心，找到本质，把握关键，形成一个有统一核心的体系；悟通：用心悟通，一通百通，触类旁通；悟用：在实践中应用，方法随事变通，与时迁移，应物变化，核心流程不变，具体方法万变不离宗。实现简单化和系统化，大简之德配大智，简化的内容需要我们用智慧去补足。

为什么要悟本？为了找到一个"最高的法"来统管"一切法"，就是一法统管万法；为了悟出由一个最高的法变化成万法的路径，实现简单化，否则，看什么都是新的，会把人累死；为了实用、适用。最终要落在有用、有效上。

怎么悟？通过拆分细化、移植（迁移）、类比、归纳、转换和替代等方法，找出事物的共同本质和变化方式、方法。即万法归一和一化万法的方法。

到哪里去悟？①在学习中感悟，要投入真情，进入状态；②在生活经历中渐悟，读人、读事、读万物，欣赏世界，找到快乐；③在联想中顿悟，找到规律和方法；④在自然中大悟，悟大智慧，师法自然，用"天地之大法"规范人间一切法；⑤在实践

中证悟,操作中悟调整,精通手艺,演好角色;⑥结果中悟经验,形成风格,挖掘特色。

2. 下定义

定义是表述事物和概念的、客观的、准确的、简单的、唯一的标准。

标准的定义。标准是为了实现在预定领域内最佳秩序的效果,以科学、技术和正确经验为依据,对重复性的事物和概念所做的统一规定。

定义是标准的集合中的一个成员,在标准的集合中包括:客观规律、道德规范、操作流程、管理规定、制度、目标、法则、模型、模具、榜样、标杆、共性、本质特点、概念的定义等。可以看出,一个标准的集合,包括无数种标准,标准和事物之间是"一"和"多"的关系,就是一套标准,对应多个事物,例如,一套桌子的标准,对应的是无数的桌子。哲学的重要任务之一是要解决"一"和"多"的对应关系。定义的特点是"客观、准确、简单、唯一"。定义的客观性强调以客观的事实为依据,揭示事情的本质;定义必须准确,与被定义事物相符,本质抓得准,界线划得清;定义强调简单,定义的表述形式用简单句,与本质无关的内容要删除;定义强调唯一性,多定义等于没定义,就是要统一标准,标准不统一引起混乱。

下定义就是确定事物和概念的标准。用事物的本质特点和边界来确定事物的标准,所以,下定义就是概括被定义对象的本质特点并划定被定义对象的边界。

一切事物都是按标准构成的!例如,问题的标准=理想的标准－现象的标准，所以，一切从标准开始。

解决一切问题首先要定义问题，明确问题的标准，划定问题的边界，然后才能很好地解决问题。

对于一类事物，如果不能定义它，就不能很好地把握它，说明我们对它的认识极其有限。对事物的定义越清晰精准，我们就越能把握它的规律。为了准确、简明、科学地说明事物的本质特征，我们必须把事物的定义弄清楚。

要明确概念必须定义概念。"概念"是人们对观察到的同类事物的所有属性的概括性表达。"概念"作为"知识单元"，其特点是，有虚有实、有真有假，有对有错，有内涵有外延，边界模糊。为了澄清概念、准确运用概念，我们必须定义概念。

下定义的方法——属加种差方法：先找最小属（概念的最小边界），再找种差（概念的全部本质特征），然后整合信息，合理表达。

被定义概念（X）= 本种独有属性（本质特点 D_i）+ 本种所在的最小属概念（范围 Y）。属性可以按时间顺序、空间顺序、逻辑顺序排列。用"……是……的"、"……叫……"等一类连接词，整合成单句。X 是（$D_1+D_2+D_3+……$）的 Y。

给事物和概念下定义注意三点：第一，不能用 A 直接定义 B。如果我们说 A 是 B，那很自然的可以对 B 进行追问，会出现两种情况，一是在追问的某个阶段又用到了前面所解释的概念，形成了循环论证。二是无限地解释下去，那最终对 A 还是没有根本的解释。第二，不能用比喻下定义。比如，"女人是什么？"，不能说"女人像花一样。"因为花不是女人的标准定义。第三，定义和被定义不能混淆为一体！被定义项不能出现在定义项中,"概念自身不能包括概念"。真理不能自证,自己不能证明自己,被定义项不能用自身来定义。其实就是要求用大概念管住小概念,理论和概念有等级,高的管低的,大的管小的、上的管下的,"高大上"概念系统是"低小下"概念系统的标准。

【范例一】科学的定义

分析。①科学的最小属是一种理论知识体系;②科学的特点分成方法的特点和科学结论的特点,科学方法的特点包括:数量化分析、实证化检验、逻辑化表述,科学结论的特点是:系统的、规范的、客观的、唯一的、动态的、可重复验证的;③科学的真理也是相对真理,科学的结论也有适用条件,条件之内可以证真,条件之外可以证伪,所以,科学真理的"普适性"指的是在适用条件之内"普遍适用",不只是对个别事物适用。

科学的定义。科学是指人们经过数量化分析、实证化检验、逻辑化表述出、系统的、规范的、客观的、普适的、可重复验证的一种理论知识体系。

有了这个定义以后,我们可以用它来检验某一种理论知识是否具有科学性,有的人根本不知道什么是科学,还大谈科学管理,其荒唐就在于没有标准。

《辞海》关于科学的定义,"科学是关于自然、社会和思维的知识体系。"这个定义根本没有反映科学的特点和标准,所以不能成为科学一词的定义。

【范例二】管理的定义

定义:管理是通过制度规范人遵守合作规则、培养人、利用人在给定的约束条件下,以最小的代价(费用)取得最大(最满意）的效用，使有限的资源发挥最大效能的过程。

其中，约束条件包括内部条件和外部条件，"过程"是"管理"的最小属范围（一切事件都可以看作是一个过程）。管理是一种"通过规范人、培养人、利用人在给定的约束条件下、以最小的代价取得最大的效用、使有限的资源发挥最大效能"的过程。

【范例三】"是什么"与"什么是"的区别

在现代工匠中，我们要经常追问"是什么"，而不能回答"什么是"。所以我们必须澄清"是什么"与"什么是"这两个不同的概念，"是什么"追问的是事物和概念的本质特征和边界，即事物和概念的定义。所以，追问是什么=追问标准=追问定义。例如追问管理是什么，要回答管理的定义，需要经过认真深刻的研究后才有可能给出令大众认同的、唯一的、符合客观标准的定义。

"什么是"指的是符合标准的个别的事物。如问什么是水果，容易回答，苹果是水果，桔子是水果，橙子是水果。什么是管理，可以回答决策是管理，控制是管理，激励是管理，教育是管理，我们所做一切事情都是管理，可以无穷列举。

"是什么"是"什么是"的标准，标准是抽象的存在，个别事物是具体的存在，"是什么"管控全部"什么是。"例如"产品的标准"管控"全部具体产品"；又例如"偶数的定义是能够被2整除的数称为偶数，""能够被2整除"是偶数的唯一标准，而能被2整除数是无穷多的。这就是"一"和"多"的关系。做管理哲学就是要抓住"一"，去管住"多"。

在管理理论的研究中，人们并不注意区分这两个不同的概

塑造工匠精神

念,就混着用了。混用的缺点是往往用个别代替一般,思想就没有深度了,虽然花样繁多,可也混乱不堪。所以一流的企业做产品的标准,一流的思想家做理论思想的标准。

3．反思

反思的定义(反思,确切地说叫"反省思维")。反思是主体自觉地对自身活动进行回顾、检讨、总结、评价、调节、改善的过程。

反思是我们常用的、重要的思维方式。通过反过来思考、多次反复思考,依据客观标准检查过去的思想和行为的规范性和有效性的一种思维方式,是辩证思维的一种体现。

反思与改善在控制论中叫反馈与调整,在宗教中叫忏悔(反思为忏,改过为悔,自己反思,自己悔过),但万变不离其宗。

为什么要反思。通过反思可起到调整人生航向、校正人生目标、承前启后的作用。正确的反思是改善的前提,在反思中觉醒、忏悔过失和不足。没有正确的反思就没有进步,所以,反思和忏悔是生活的一部分,没有反思和忏悔的生活是不完善的。曾子曰:"吾日三省吾身。"

怎样进行正确反思。正确反思有四点要求:①归因于内,自我是一切的根源!自己是自己存在的原因,脚上的泡是自己走出来的。归因于内,无怨无悔,调整智慧,再创机会。归因于外,心态变坏,自己受害,连续失败,一切都怪,定被淘汰。人不敬我是我无才,我不敬人是我无德;人不容我是我无能,我不容人是我无量;人不助我是我无为;我不助人是我无善;如果你不足够优秀,一切人脉几乎等于无用!因为一切行为都是有代价的，只有等价交换才能得到合理的帮助。只要盛开，蜂蝶自来。所以，在自己还没有足够强大和优秀时，多花时间提升自己的能力，远离浮躁，适当放弃一些无用社交。②要用客观的、可普适化标准来衡量问题，千万不要拿谬论当真理。③要积极反思，在反思中觉醒、在觉醒中奋进，不要向命运低头，只要"命"还在，"运"（如何运作）就掌握在自己手里！永远向最好的方向努力，求则可能有，不求一切无。④反思的结果是给出可供选择的行动方案并确定下一步的执行方案。

个人重要的反思点：诚信：我有欺诈的言行吗？勤劳：我努力工作了吗？我每天的工作有计划吗？节俭：我的生活简朴吗？我对时间和空间等各资源有浪费吗？还能更节约吗？秩序：我遵守公共秩序和生活秩序了吗？正直友善：我的行为对他人有益吗？我待人的态度谦和吗？我为个人利益伤害任何人了吗？中庸：我的行为恰当吗？我有极端之事和极端之言吗？效益：我今天的工作和学习有进步吗？我做到谦虚了吗？乐观：我的心态是乐观的吗？清洁：个人保持清洁了吗？做到不破坏公共场所的清洁了吗？安全：有不安全的行为和不安全的隐患吗？

4．怀疑

什么是怀疑。怀疑是对不信不明的问题、经过考证和探究、并获得满意答案的过程。不要轻易相信某种理论的正确性和有效性，要经过认真考察理论和方法的标准、成立的前提条件，直到消除怀疑后才能相信。

为什么要怀疑。因为怀疑产生问题，问题激励创新。科学的怀疑是创新的第一步，通过怀疑，追求符合客观规律的思想、制度和方法。错误的观念甚至比无知更糟糕！坏的理论和方法导致企业效率低下，甚至万劫不复。

怎么怀疑。从怀疑到质疑。不断地反思并追问是什么、为什么、怎么做（目标、制度、流程、方法）、有用吗、有效吗、可以替换吗等。例如，我们做方案审查时，为什么是C方案：质疑必要性，可以直接去除吗；为什么是B方案：质疑有效性，存在理由有效吗？依据可靠吗？还有更有效的方法吗；为什么是A方案：质疑唯一性，有别的更好的替换方案吗？

怀疑和质疑的目的是追求明确的结论，所以，怀疑和质疑的精神导致批判。

5．批判

批判是什么？批判是通过拆、分、解、析的方式明辨一切事物之理、依据客观标准对事物做出是非、曲直、真假、善恶、美丑等的评价过程。如"析万物之理，判天地之美"。

我们对一项事物"是什么、不是什么、能做什么、不能做什么"的研究就是批判。现代工匠中的批判就是对管理的思想、价值信念、制度、流程和行为做系统、辩证地分析，审察其背后的理论依据的可靠性并做出合理判断。

批判是自我指导、自我规范、自我检测和自我校正的思维方式，其核心技能是"解释、分析、评估、推论、说明、自我校准。"判断的标准要有"深度、广度、公正、逻辑性、一致性、有用性、正确性、精确性、清晰性、创新性。"批判的终极标准是客观规律，没有终极的价值标准很难做出正确的判断。

为什么需要批判？①"澄清前提、划定界线。"因为，逻辑可以保证推理正确，但不保证前提的正确！理论依据（前提条件）如果不可靠，那么这个理论的可信度必然受到怀疑，所以我们必须追问"前提条件"。②切中现实，推动创新，不开历史倒车。③批判是处理事物的应有方式。洛克指出"不经考察就接受了的原则，是最危险不过的了，而在道德方面，尤其如此"。苏格拉底说："未经审思的生活是不值得过的。"④管理理论需要"限定效用、划定范围"，不让理论泛滥。⑤创新需要批判，批判的过程也是创新的过程。

批判什么？一是对构成管理思想的"基本观念"（如世界观、人生观、价值观等）的前提批判。二是对构成管理思想的"基本方式"（如企业哲学、企业制度、企业文化、领导艺术等）的前提批判。三是对构成管理思想的"基本逻辑秩序"（如外延逻辑和内涵逻辑）的前提批判。四是对构成管理思想的"基本信念"（如终极目标和客观标准同一性）的前提批判。总之，批判一切管理理论成立的"前提条件"，审查制度的有效性，追问流程最优性，审判目标的可行性。

怎么批判？通过拆、分、解、析的方式明辨一切事物之理。依据客观标准（站得高才能看得远、断得公）判断是非、曲直、真假、善恶、美丑等，批判不容许半点个人偏见！必须依据公理做出判断，理性地审视管理的理论、制度、流程和方法。

我们要"用放大镜看缺点，用显微镜看错误，用望远镜看观点"。

做出判断后还需要检验，要经过思想实验（在思想中做破坏性实验）和实践检验，不断地反思、修正自己的判断。

 塑造工匠精神

【例题】关于"用人不疑,疑人不用"的批判

我们要审查出处?是什么含意?分析前提条件,论证观点,给出结论。

出处:《旧唐书·陆贽传》中有"疑则勿任,任则勿疑",南宋陈亮在《论开诚之道》中提出"疑则勿用,用则勿疑"。演化为"用人不疑,疑人不用"。

含义:领导对怀疑的人就不要用,用的人就不要怀疑。

分析论证:

"用人不疑,疑人不用"本质上是人治,是领导的主观的意志和判断,把用人建立在领导的"疑"与"不疑"上,处在较低的水平,是对管理和控制的无奈。

"用人不疑"的状态不存在。第一,人人有缺点,世间没有完美的圣人。任何人都有可质疑性,不存在可以完全信赖的人;第二,人是变化的,变化是不可知的,有变化就有可质疑性;第三,每个人对自己的决策只是大概率的选择,都不能百分之百的坚信不疑,还要做出防控风险的预案。所以,"用人不疑"的状态不存在,"用人不疑"则是自欺欺人。

"用人不疑"常常导致管理失控。"用人不疑"意味着放弃监督和控制,没有了监督和控制,最终一定失控。

"疑人不用"则无人可用。人人都有可疑性,"疑人不用"将无人可用。

结论:应该如何。

接受任务的同时要接受监督。作为下属要认识到,领导的监督检查是正常工作,是证明自己认真工作的过程,否则自己做得好,领导还不知道,就埋没了自己的成绩。

诚信需要证明，信任和怀疑都是必要的。信任不能代替监督，因为信任只代表过去，怀疑和监督是要证明现在的过程真诚有效，别人监督自己的过程是证明自己诚信的过程。在考核中消除怀疑获得信任，自己的诚信被反复证明过了，诚信度就高了，就增加了别人对自己的信任。

工作和生活中不要拒绝监督。不要因为被监督而气恼，也不要因为被信任而自喜，最后起决定作用的是行为和结果。无论怀疑与信任都必须监控，不监控就失控。

抛弃"疑人不用，用人不疑"这种落后的选人用人原则。用标准选人，用制度管人，选人的原则是"知短知长，避短用长。优点可用，缺点可控"，用人的原则是授权不弃权，过程有监督，结果有考核，成功有奖赏，失败有惩罚。

从本例中可以看出，批判一定要给出明确的结论，是肯定还是否定要明确。

6. 否定

否定是什么？否定是破旧立新、择优汰劣的进化过程。现代工匠中的否定就是依据标准保留管理理论、制度、流程和方法中的有效成分、淘汰其中无效的成分、吸纳先进的成分。否定不是全盘否定。肯定中有否定，否定中有肯定。

为什么需要否定？因为否定是事物创新发展中的必要的环节，任何事物的发展都要不断地经历择优汰劣的进化过程。

怎么否定？否定从确定标准开始，不允许做无原则的肯定或否定；对照客观的、普适的、先进的标准对事物进行肯定与否定；自我否定，自我从内部寻找不合适的、无效的理论、规则、流程和方法进行抛弃；认真对待来自外部（如市场、客户、合作伙伴等）的否定，要进行深刻的反思，哪里有问题，如何进行改善；积极地补充、完善和创新。否定不是目的，优化和创新才是目的。所以否定的同时要给出更好的理论和方法，不仅能说出不好，还要能说出怎样做能更好，能说出更好的方案才是对前一方案的真正的、彻底的否定，也是最有价值的否定。

口诀：对照标准做否定，能够被否定，愿意被否定，自我常否定。留下精华，补充精华，不断升华。

7．求证

求证包括验证和考证，考证就是考查和论证。需要深入调查，认真研究。一字一文，必经考证，让知识精准，概念清楚，边界明确。明白道理是聪明，知道适用条件是智慧。

验证要求实证，论证要求主张的观点明确，证据确凿，理由充分，划定结论的适用范围和强度。理论依据必须可靠，有争议的、过时的理论不能做为论证的依据。依据不可靠的理论常常导致歪理邪说，任何观点都可以找到说明它成立的例子，但现代工匠要的是可普适化观点，是符合客观规律的理论。

结论：一门知识只有经过不断的怀疑、否定、批判、考证、论证、吸纳与整合的过程，才有可能达到最高的境界，如果想登上理论的最高峰，必须学会用哲学的精神和方法追求普适的道理、终极的标准。

二、求真——给人以"真"的启迪

1. "真"是什么

"真"是对事物"存在不存在、规范不规范、有没有价值"的一种判断。

2. 为什么要求"真"

为了探究认识的真理。为了对事物的真与假作出正确的判断。为了对管理制度和管理方法作出优劣的判断。

3. 怎么求"真"

因为"真"的标准是"有、对、好",所以要追问:

追问"有没有""是不是"追究存在。判断存在的方式有事实判断与价值判断。承认存在的原则有三条,一是实体存在,对于看得见摸得着的物体,以实象证明其存在;二是虚体存在,对看不见摸不着的事物,以作用效果承认存在,有作用即是存在!这是科学研究的基本原则之一,我们接手机时并没见电磁波,可手机却传来了信息,于是我们承认电磁波的存在;三是有用即承认存在,即有价值即承认存在。自然科学中的"最小作用量原理",即万物处在最节约能量的状态存在的概率最大,为什么是这样,说不清道理,但有用处,只有承认它的作用,假设它成立,相信它的存在,力、电、光、热、声等学科的一些定理才得以建立。

追问"对不对"。以合标准为对,反思标准。

追问"好不好"。以好用为好,追求价值。

"求真"就是追求存在，反思标准，诉求价值。"有、对、好"同时满足为真，否则为假。在塑造工匠精神中求真，要不断地追问某个部门、岗位、制度、流程、产品"存在吗、规范吗、有价值吗"，不"真"的去掉，不断地精化。"一点真疑不间断，打破沙锅问到底。"

三、达善——给人以"善"的判断

1. 善是什么

善是对发自内心的、自由选择的、目的应当、过程规范、结果超越的一种行为作出的判断。

2. 为什么要达善

为了探究应当的、规范的、最佳的管理思想制度和方法，提升人的能力和业绩效果。塑造工匠精神就是对"善"的选择。

3. 怎么判断行为是善的

善的标准是发自内心、目的应当、过程规范、结果超越。所以，要追问"自觉性、应当性、规范性、超越性"。

追问"自觉性"，善行是一种自觉自动自发的行为。如强迫捐款不是善行。

追问"应当性"。目的要应当，条件要合适，标准要合理。

追问"规范性"。过程规范不规范，排序是否正确，过程的标准与顺序必须合乎规范，否则就会导致恶果！例如，耕耘与收获、付出与索取的顺序。

追问"超越性"。结果超越没超越,"善"行的结果是超越的,追问系统的功能提升了吗?结构简化了吗?系统进化了吗?道德升华了吗?

现代工匠追求善,要综合考查目标、过程和结果。"善"的标准高于"真","善"追求是更好、更快、更有效、更有价值。所以,现代工匠追求善的过程是不断地改善、不断地择优汰劣、不断地创新的过程。

四、臻美——给人以"美"的享受

1. 美是什么

美是人们对符合客观发展规律的、具有正向使用价值的、愉悦心灵的事物的一种评价。

事物符合客观发展规律,体现了美的客观标准;事物具有正向使用价值的和愉悦心灵的功能,体现了美的主观标准,主观之美是事物适合使用者、观赏者的美,合目的性(即人的审美需要)是主观之美的基础。所以,美是客观与主观的统一。美以真、善为基础,美既要合规律性又要合目的性,即合适且有用。

美具有普遍性。对社会绝大多数人的生存发展具有正面意义和正向价值,符合社会发展的客观要求、必然趋势和基本规律,能够满足社会绝大多数人的生理和心理需要是美的普遍性。美具有特殊性。美不美由观赏者自己定义。"美不自美,因人而彰",不同的人对同一个具体事物、具体现象、具体事情、具体

环境会有不同的看法和观点,有人认为它很美,有人认为它不美,还有人认为它很丑。对于什么是美食、美酒、美景、美物、美人、美事、美行的问题,人们给出的答案也不相同。

所以,任何美都是普遍性和特殊性组成的统一体。

美是心灵的反射,心是照亮美的光源!美在自心,呈于外物。心中无美,则世间无美。泪眼看花花亦愁,"江山本来无佳画,全在人间一片心"。

臻美就是到达完美,臻美在于创造,创造美的事物,追求美的普遍性,使事物对社会绝大多数人具有正向价值,追求美的客观性,面向终极的美好。

美是技术与艺术的巧妙结合。一切技术都是对流程熟练掌握。技术强调规范,可复制性、可传承性特别高。艺术是在保证核心目标不变的前提下,变换方式方法以更好的实现目标。艺术虽然也有规范,但变化多端,出神入化,境界高超,需要很高的悟性。现代工匠的艺术在于一个目标可以有无数种实现的路径和方法,语言的艺术就是一种理念,可以有无数种表达形式,同样一件事可以变换无数种说法。

2. 为什么要臻美

为了按照美的标准构建理论和梦想、构建企业、构建制度、创新产品,在愉悦心理的同时给人以美的使用价值。

3. 怎样审美

审美要审查美的客观性、普遍性和创造性。所以审美要做如下追问:

追问美的客观性。大美在于天然！客观之美的标准主要有：简单（简约、简洁）、和谐。简单之美还可称为简约、简洁之美。简单之美在于深刻地揭示了事物的本质，在大自然复杂的表象下，隐藏着本质的简单。爱因斯坦说，科学之美在于简洁。客观之美在于和谐！和谐之美包括对称、统一、流畅等。对称为美，因为对称在空间上平衡，符合宇称守衡定律；统一秩序为美，如军队的仪仗队的表演；流畅为美，流畅的语言是美的，流畅的制度是美的，流畅的形体是美的。客观之美决定美感，客观审美要追问美的客观标准。

追问美的普遍性。追问事物对社会绝大多数人的生存发展具有正面意义和正向价值。美在于有用！美等同于效用。所以要追问：有用吗、有效吗、还能更好吗、还能更快捷吗？

追问"创造性"。美是可以创造的。天不主动成人之美！只有自己创新美。

创造美的事物需要客观之美与主观之美统一。即将"简约、和谐、对称、流畅"与"更有用、更简捷、更高效、更精致"统一于一体。

4. 现代工匠如何追求美

追求统一美。追求理论统一，用最简捷的（系统化）理论陈述知识，给使用者以方便。追求制度统一，整体规范有序；追求流程统一，操作简单；追求品牌形象统一，方便识别。

追求和谐美。追求系统内部和谐，系统与环境和谐。在创新中追求和谐（理论和谐、方法和谐、产品结构和谐），创造美感（知识结构美，语言美，态式美），给人以愉悦的感受。

追求简捷美,从"有"向"无"追求。把复杂变为简单的过程是复杂的,需要有大智慧。在技术创新中追求简捷美,就是使产品更简捷、更高效、更精致,例如从有人驾驶到无人驾驶。在操作创新中追求简捷美,使管理的流程更简捷、更高效,从需要外部管理向自我管理转化。

在生活中追求简捷美,最优化生存。欲望极简,节制欲望;精神极简,专注目标;物质极简,朴素生活;信息极简,吸取精华;表达极简,语言精炼;工作极简,程序最优化。

追求变化美。我们给出的思维的流程、管理的一贯之道和万通七步工作流程,不是固定不变的方法,面对不同的问题其内涵是变化的,我们要掌握它的变化才能达到出神入化的境界。

五、育人——塑造现代智慧型工匠

1. 什么是育人

育人就是为了培养人的品格、提升人的能力,用生存的目标、做事的规则、行为方式和外在形象进行教化的过程。

2. 为什么要育人

塑造工匠精神的本质是塑造人。通过哲学的智慧使人"知本""求真""达善"和"臻美",即成为合格的工匠。

人是问题存在的源泉和终结者。一切哲学问题的追问者都是人,一切哲学问题都是(属)人的问题,无论哲学问题的指向是宇宙自然还是人类自身,问题都是由人提出,最终要由人解决。

3. 培育什么样的人

有良知的人。良知就是"知本",对宇宙天地人有正确的认识,即有正确的世界观、人生观和价值观。

有真知的人。求真知,做真人。陶行知说:"千教万教,教人求真""千学万学,学做真人"。做到不欺骗人,不欺骗天,不欺骗心。

有善心的人。有善心体现在做善事,做事合乎善的标准。

有智慧的人。就是能够运用哲学的思考方法解决问题的人,大智慧见于臻美,在工作中追求美、创造美,创造美的生活,创造美的世界。

人类思维理性的现代化,才是真正的现代化。物质方面的现代化是现象的现代化。人类思维的现代化是质的现代化。

有创造力的人。创造力是现代工匠的基本素养,在大众创业,万众创新的时代,要求人人具有创新和创业的能力,通过创新和创业成为对他人有用的人。为他人。"你需要,我创造";对自己有用,为自己,"我需求,我创造";对社会有用,以创新推动社会进步。

总之,要培养具有道德自律,法律自守,文明自觉,积极自强的有道德的经济人。也就是具有社会主义核心价值观的人,即:"爱国、敬业、诚实、友善"的人。

4. 怎么实现育人

用管理的一贯之道,通过树核心、立规矩、育能力、创绩效来实现育人。

用做人的终极标准教化人,使人自觉、自动创新,理性地生活。

用制度塑造人，制度是塑造人的模型，规范行为的标准。

用流程提升人的技术能力，因为人的一切能力都是对流程的熟练掌握。

用效益激励人。物质激励与精神激励并用，以达到目的为准。

自己培育自己，自己塑造自己。塑造工匠精神就是塑造自己，自己塑造！用工匠精神培育中国心、塑造中国人、实现中国梦！

本章小结：

本章的目的在于使我们学会运用哲学的方法思考问题和解决问题，所以，本章的重点有两个：①将哲学的方法运用于认知，使理论知识更加可靠、规矩更加有效、操作的流程更加简捷。②哲学的全部智慧就是万法归一和一化万法，通过不断地追本、求真、达善、臻美，使我们的工作系统化，流程化，简单化。化复杂为简单，化简单为神奇，化神奇为有用。

哲学从来就不应提供现成的、一成不变的东西（方法）。学习哲学是一种思维训练、养成缜密地思维、精确地表述、恰当地选择的习惯。通过哲学思维的修炼，通过万法归一和一化万法实践训练才能真正提高工匠们的智慧水平。